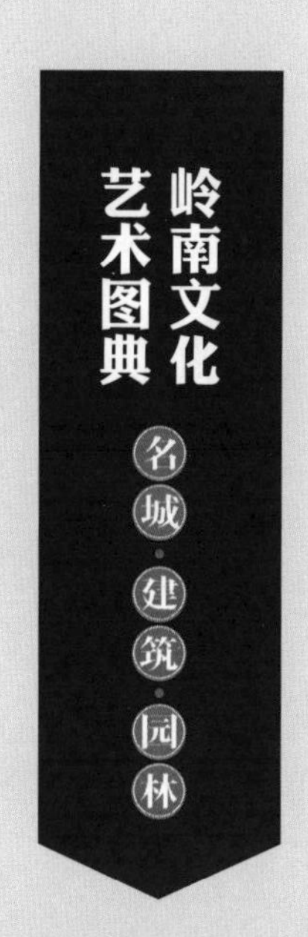
岭南文化
艺术图典
名城·建筑·园林

肇庆慶雲寺

◎黄振平 著

SPM 南方传媒 | 嶺南美術出版社

中国·广州

图书在版编目（CIP）数据
肇庆庆云寺 / 黄振平著. -- 广州:岭南美术出版社, 2025. 1. -- (岭南文化艺术图典). -- ISBN 978-7-5362-8090-8
I. TU-885
中国国家版本馆CIP数据核字第2024LV0909号

出 版 人：刘子如
策划编辑：翁少敏
责任编辑：翁少敏　高爽秋　叶雨呈
责任技编：谢　芸
责任校对：司徒红
装帧设计：紫上视觉 刁俊锋　黄隽琳

肇庆庆云寺
ZHAOQING QINGYUN SI

出版、总发行：岭南美术出版社（网址：www.lnysw.net）
（广州市天河区海安路19号14楼　邮编：510627）
经　　销：全国新华书店
印　　刷：广州一龙印刷有限公司
版　　次：2025年1月第1版
印　　次：2025年1月第1次印刷
开　　本：889 mm×1194 mm　1/16
印　　张：16.25
字　　数：150千字
ISBN 978-7-5362-8090-8
定　　价：126.00元

序

鼎湖山乃岭南四大名山之一，名山必有大丛林。

鼎湖山有佛刹始于白云寺，为六祖慧能法嗣智常禅师所创，其规制虽略显陋简，然寺内“涅槃台”石刻甚为奇特。庆云之有，乃道丘和尚（1586—1658，字离际，号栖壑）于1636年开山。时历虽短，却为明清之际岭南佛教之重镇。佛舍利镇寺、慈禧敕赐匾额、《龙藏经》藏、禅净律俱善、憨山大师驻锡、平南王捐养、成鹫和尚撰山志、日僧荣睿纪念碑、摩崖石刻、古朴建筑、参天古木、曲径通幽……在彰显庆云之显赫，故有“博山钟鼓，云栖规矩”“百城烟雨无双地，五岭律宗第一山”之誉。论者云：“鼎湖山系在岭南禅学中处于中流砥柱的地位。”

在弘扬中华优秀传统文化之当下，岭南美术出版社出版《岭南文化艺术图典》丛书，实一大功德。丛书中有《肇庆庆云寺》，为黄君振平所撰。

振平君，生于斯，长于斯，熟知斯土一草一木，不舍家乡情怀，又亦官亦文，工诗词，好写作，尤以图文互说见长，时有著述问世。余与之多有往还切磋，深知其功力。其撰《肇庆庆云寺》一书，乃实至名归。

观《肇庆庆云寺》一书，文笔新锐，既学术又通俗，既述历史又展现状，图文并茂，所附图片达400余帧，甚为难得，可谓之“图说庆云”。阅后既领略庆云之梗概，又有美学之享受。

余虽素喜禅学，略有著述，却愚钝不敏，实难胜撰序之任，然振平君嘱之殷切，又相互情深，却之不恭。唯聊表数语，既仰庆云之道景宗风，又叹振平君之敬业精勤。是为序。

林有能

（广东省社会科学界联合会原副主席，广东省政府文史馆特聘研究员）

2022年12月于羊城中山大学康乐园陋室

内容提要

广东省肇庆鼎湖山是一个风水宝地，有“第十七福地”的美丽传说。

鼎湖山庆云寺不仅素有“禅、净、律三宗俱善”之盛名，鼎湖山还被称是“此山乃博山钟鼓，云栖规矩”。更有诗句赞誉鼎湖山“百城烟雨无双地，五岭律宗第一山”。

庆云寺依山而建，布局层次渐展，引人入胜，构成了岭南特有的山地寺庙园林景观。寺、树、溪、石、亭五景协调之自然生态，构成了庆云寺古刹安静的环境和神秘的自然感觉。是充满岭南佛教特色的佛教建筑群。

公元678年，六祖惠能高弟智常禅师，在鼎湖山西南之端老鼎处建起白云寺。此后，高僧云集，前来朝拜游览的香客、游人越来越多，香火旺盛。

明崇祯六年（1633），当地乡绅梁少川、居士陈清波等人在鼎湖山莲花峰建起“莲花庵”，时在广州弘法的栖壑和尚应邀到莲花庵当住持，并随即大兴土木，把缓坡削成七级，倚山势构筑五个层次殿宇，计有大小殿堂100多间，建筑面积12000平方米。寺院建成后，栖壑大师见周围雾霭袅袅，遂将“莲花庵”易名为“庆云寺”。

改“莲花庵”为“庆云寺”后，庆云寺规模越来越大，成为岭南四大名刹之一。而“庆云寺”之名一直沿用至今。

庆云寺寺院的布局是按照中轴线对称进行。自下而上，共有七大级。其中，第一级：寺前花园、牌坊广场、方池月印。第二级：金刚坛、四王殿、弥勒殿、二十四诸天殿。第三级：云鼎福地（正门广场）。第四级：韦陀殿、客堂、斋堂、钟楼、鼓楼。第五级：大雄宝殿、祖师堂、三宝堂、伽蓝殿、舍利宝殿、龙华堂。第六级：七佛楼、睡佛楼、宗堂、藏经楼、毗卢殿、罗汉堂、成就佛殿。第七级：观音殿广场、观音殿（原莲花庵位置）、祖师殿、初代祖殿、讲经堂、地藏殿、西方三圣殿、旃檀林、方丈室、二代祖殿、放生池、千佛殿、法堂。

“鼎湖戒”这个提法最早出现在霍宗瓘撰写的《第二代在糁和尚传》，书中称：“师（南海麻奢乡有居士陈公孺）往来两山（宝象林与庆云寺），所成就者甚众。岭海之间，以得鼎湖戒为重。”这些历史，充分说明：一直以来，佛教在肇庆兴起与传播的力度、广度和深度，在佛教历史上，有着重要的地位和作用。

庆云寺内，文物古迹丰富，如舍利子、慈禧太后“敕赐万寿庆云寺”牌匾、千人锅、大铜钟、白茶花树、大法座、《龙藏经》、百梅诗碑和其他古迹佛器，都以各自神奇的魅力，吸引着无数香客、游人，传播着禅道。其中，庆云寺的舍利子、“敕赐万寿庆云寺”牌匾、《龙藏经》被尊崇为庆云寺“镇山之宝”。

在鼎湖山，历代高僧、文人墨客、政界要人留下不少禅诗偈语，或于牌匾，或于摩崖，或于路径。尽管这些禅诗偈语作者的社会地位、立场观点千差万别，文化水平也参差不齐，但是，这些禅诗偈语已经形成了鼎湖山庆云寺周边一道亮丽的文化景观，与寺庙相融相依，自然和谐，形成一个很有地方特色、禅意很浓的“禅诗偈语文化圈”。

历史上，与庆云寺相关联的寺院有白云寺和憩庵。可以说，先有白云寺，后来有憩庵。白云寺是庆云寺的“祖庭”，憩庵则是庆云寺的“下院”，三者是不可或缺的历史组合。这种组合在中国其他寺庙中，较为罕见。

纵观庆云寺的建筑布局和建制法派，它的整体发展适应了每个时期社会政治、经济的发展要求。庆云寺走出了一条初祖“借景”、文人“点景”、香客“观景”的特别发展之路，创新了寺庙发展的路径。

今天的庆云寺，经历曲折与磨难，经历创新与发展，成为鼎湖山的标志性建筑，同时成为一张岭南古刹文化名片。

目录

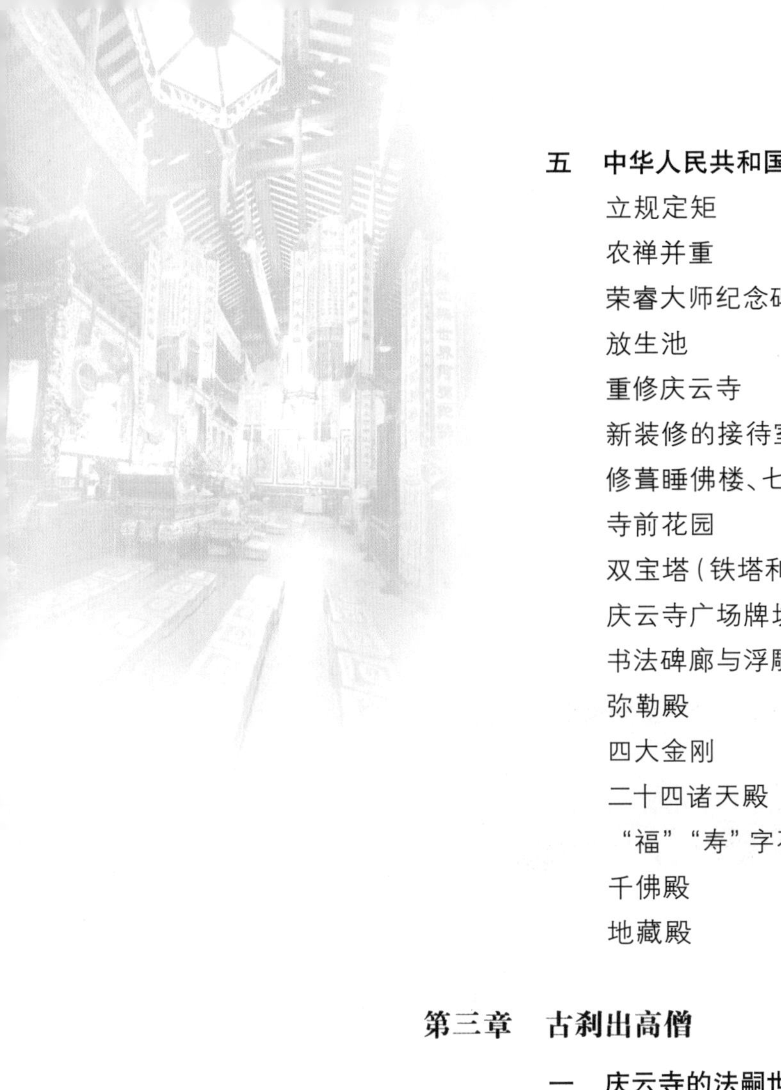

慶雲寺

第一章 莲花香初地

佛教在肇庆的兴起与传播

纵观历史，肇庆所辖区域虽然历经多次变动，在称谓上也因所辖区域改变而改变。但是，在佛教的兴起与传播方面，肇庆一直起着不可磨灭的作用，也取得了不同寻常的正向效应。

一直以来，肇庆都处在佛教传播和发展之前沿，实得佛教之先声。区域内之丛林、名刹，千百年来的事迹均有史可考，都有证可据。

在众多宗教中，佛教是最早传入肇庆的。经当代所查得中国佛教史揭示：东汉末和三国吴初面世的中国早期佛教专著《牟子理惑论》，是当时居留在苍梧郡广信（今封开县）的牟子，接触了交州一带传播的佛教以后完成的，反映了当时境内已有佛教传教活动和信众。西晋元康年间（291—299），四会县创建般若寺。新兴、罗定等地有多处建于唐武德初年的佛寺。唐武德二年（619），在今新兴县太平镇罗陈村前建立荐福院。武德四年，僧广深在今新兴县洞口镇秀罗山麓建秀罗寺。同年，建水县令陈普光在今罗定苹塘镇龙龛岩洞内建龙龛道场。贞观元年（627），僧定慧在天灵山麓（今新兴县共成镇曹田村背山）建岱山寺。弘道元年（683），新兴县龙山建报恩寺，惠能成为禅宗六祖后，于景龙元年（707）改名国恩寺至今。仪凤三年（678），惠能高徒智常在鼎湖山创建白云寺。时鼎湖山佛教兴盛，《鼎湖山志》载：高僧类聚，环山四面，皆为招提。人各一区，凡三十有六。唐初还有新兴的金台寺、福兴寺、延明寺、水宁寺、临允寺、光孝寺、夏院，高要的峡山寺，四会的六祖庵，康州的白鹤寺等。唐中后期，有新兴的龙兴寺、宝善寺等，广宁

的无碍寺、成化寺，德庆的乾明寺、开兀寺、慈力寺等。唐代禅师、高僧、佛学者涌现，新兴县的惠能[①]与高要县的希迁均为佛教史上著名人物。[②]

在肇庆，先前的佛教发展区域主要集中在“三江流域”，即西江流域（珠江上游各河段在流经不同的地域而有不同的名称，肇庆市封开县至佛山市三水区思贤滘称西江）、绥江流域（绥江发源于清远市连山县擒鸦岭，流经肇庆市怀集、广宁、四会等地，绥江在四会市马房村汇入北江，另外有三分之一的河

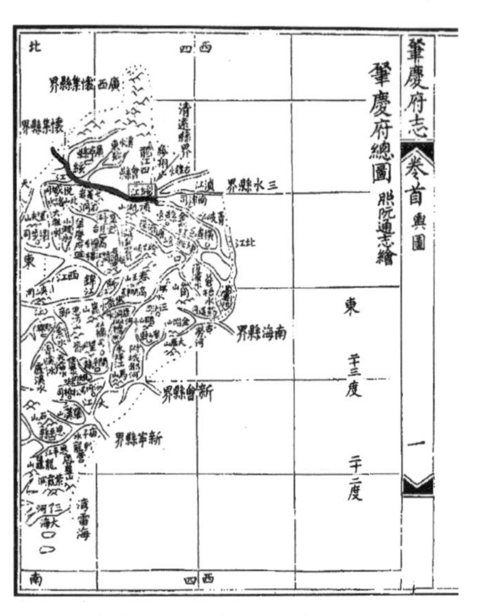

● 西江流域图（图片来源：广东省地方史志办公室《广东历代地方志集成·肇庆府部》）

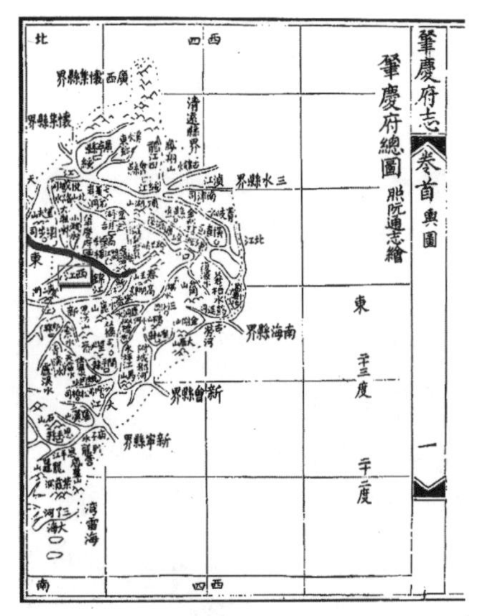

● 绥江流域图（图片来源：广东省地方史志办公室《广东历代地方志集成·肇庆府部》）

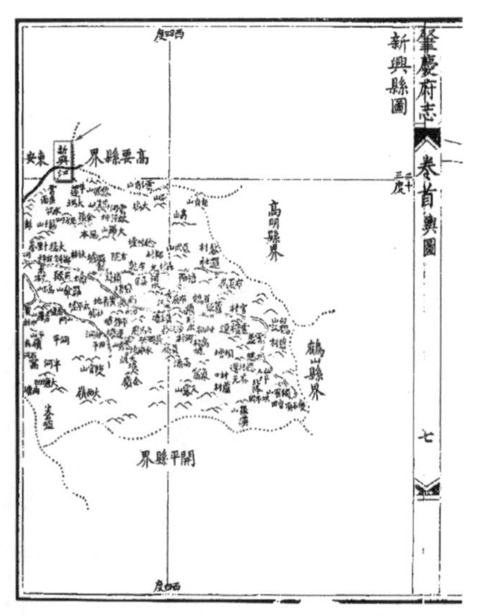

● 新兴江流域图（图片来源：广东省地方史志办公室《广东历代地方志集成·肇庆府部》）

① 关于禅宗六祖的名字，在相关的文献、碑刻、题记等，以及现今出版的书籍中，莫衷一是，历来有两种通用的写法——“慧能”“惠能”。而这两种写法在文献、碑刻、题记等资料中均可见到，且在古代文字中“惠”“慧”二字通用。其人得名的来历又有两种说法：第一种缘由是“惠者，以法惠济众生；能者，能作佛事”；第二种缘由是“不着文字，直指人心”，故此“慧能”“惠能”无正误之分。本书中所用引文、题记等遵从原文献所写的六祖名字，本书不对“惠能”或“慧能”进行统一。

② 肇庆市地方志编纂委员会编：《肇庆市志》，广州：广东人民出版社，1999年，第1333页。

水经青岐涌流入西江）和新兴江流域（新兴江发源于云浮市新兴县天露山和阳春县境竹山顶。流经云浮市新兴县、肇庆市高要区，在高要区南岸镇新兴江口注入西江，因其主要河段在新兴县境内，统称新兴江）。三江流域悠久的佛教发展历史，奠定了肇庆在岭南佛教史上的重要地位。

《中国禅寺》一书记载：“国恩寺，据《肇庆府志舆地》载：‘袈裟岭’上有三高峰，人们叫‘三宝顶’，有一条山脉从‘宝顶峰’蜿蜒而下，状若游龙，国恩寺就建在‘龙首’，海拔164米，故又名‘龙山寺’。”[①] 这个地方（现为广东省云浮市新兴县六祖镇）距肇庆市区约70千米。

“为报父母恩，惠能在宝林寺弘法时，于唐弘道元年(683)，命门徒回新州（现云浮市新兴县）龙山将自己的故居改建‘报恩寺’。”[②]

国恩寺是禅宗南宗创始人惠能的故居，也是惠能晚年弘法的道场和圆寂之地，这里还是编写《六祖坛经》的处所。

唐景龙元年（707）十一月十八日，唐中宗为褒奖六祖惠能弘扬佛法之功，敕赐“报恩寺”为“国恩寺”，是为“国恩寺”命名之始。

唐代，新兴江流域的新州出现了禅宗六祖惠能，西江流域的高要出现了高僧希迁，绥江流域的怀集（当时的怀集隶属广西）、四会成为惠能为避开争夺禅宗传承衣钵斗争的藏身宝地。

据《六祖坛经解读》（宗宝本《六祖坛经》）记载：“师住九月余日，又为恶党寻逐，师乃遁于前山，被其纵火焚草木，师隐身挨入石中得免。石今有师趺坐膝痕，及衣布之纹，因名‘避难石’。师忆五祖‘怀会止藏’之嘱，遂行隐于二邑焉。”[③]

对于“怀会止藏”这句话的含义，当今最普遍的解释，是说惠能凡是见到“怀”的时候就停下，遇到“会”的时候就隐藏起来。这里暗示是“怀集”与“四会”，而怀集与四会二邑的实际

---

① 刘烜、[韩]志安主编：《中国禅寺》，北京：中国言实出版社，2005年，第272页。

② 刘烜、[韩]志安主编：《中国禅寺》，北京：中国言实出版社，2005年，第273页。

③ [美]比尔·波特著，吕长清译：《六祖坛经解读》，海口：南海出版公司，2012年，第275页。

距离也不远。

《曹溪大师传》中记载：能大师归南，略至曹溪，犹被人寻逐，便于广州四会、怀集两县界避难。《怀集县志》也有记载：五祖传衣钵与惠能，密嘱能速去，恐人害之。乃潜至怀集上爱岭石室栖迟。

根据五祖弘忍给惠能的指示，为了避开争夺禅宗传承衣钵的斗争，惠能南归岭南后，在绥江流域的怀集与四会隐居了15年。

衣钵

衣钵："三衣与钵也，二者为僧之资物最重大者。"①

受戒时，"三衣一钵"为必不可少之物，亦为袈裟、铁钵之总称。禅宗之传法即传其衣钵予弟子，称为传衣钵。

① 丁福保编纂：《佛学大辞典》，北京：文物出版社，1984年，第487页。

怀集六祖岩（照片来源于网络）

怀集六祖岩是惠能于唐龙朔年间到怀集避难时栖住了10年的岩洞，故得名。六祖岩的岩洞由3块天然花岗岩石组成，其中2块居于两侧作为壁。洞高6.7米，宽9.7米。洞口左壁上镌刻“六祖岩”3个楷体大字。

四会六祖寺，始建于唐长庆年间（821—824），清嘉庆十四年（1809）重修，距今已有一千二百多年的历史。六祖寺的建筑面积为600多平方米，灰沙舂墙杉木瓦结构。寺庙四面环山，山势峻峭，景色宜人。

怀集六祖岩和四会六祖寺，都是当地信众为了纪念六祖惠能在怀集、四会隐居并点化民众而建，很有历史价值。

四会六祖寺

唐仪凤元年（676），惠能来到广州法性寺（今光孝寺），向印宗法师出示弘忍所传法衣，印宗法师立即为其削发受戒，承认为禅宗正统。自此惠能便以“六祖”之称进行弘法。此后，各地僧人陆续在肇庆鼎湖山白云寺周围建立寺庵，以便就近听法，当时建有“三十六招提”。名僧云集，香火鼎盛，确实是岭南佛教重镇。

六祖惠能和他的《六祖坛经》（历史上流传多个版本），蕴含着丰富的禅理思想和哲理，在中国乃至世界产生了极其深远的影响，是人类的宝贵财富。《六祖坛经》被译成多国文字传遍世界。

据《南方日报》中的《六祖惠能：东方哲圣光耀岭南》记载：“核心提示：毛泽东1956年对广东省委领导人说：‘你们广东省有个惠能，你们知道吗？惠能在哲学上贡献很大，他把唯心主义的理论推到了高峰，要比贝克莱早一千年，你们应该好好看看《坛经》。一个不识字的农民能够提出高深的理论，创造出具有中国特色的佛教。’实际上，毛泽东曾不止一次公开评价和赞扬六祖惠能，甚至是在中共中央政治局扩大会议的讲话中。”①

高僧希迁（700—790），号石头和尚，俗姓陈。高要（今广东省肇庆市高要区）人，唐末五代著名禅师。早年在韶州（今广东省韶关市）曹溪听六祖惠能讲佛学，并在曹溪出家，逐渐形成自己的禅风。石头和尚的思想，实质是一种思辨哲学。他用此思维方式观察宇宙万象，做到了运用自如的地步。石头和尚弟子门人很多，较著名的有惟俨、道悟、天然、慧朗等。这些佛门高僧，大力弘扬希迁祖师的禅法，各据一方，都是当地的宗匠。后来兴起曹洞、云门和法眼三个宗派，其中曹洞宗更为昌盛，形成南宗禅，成为中国佛教史上规模最大、影响最深远的门派，法嗣遍布天下。相传希迁祖师的著作《参同契》《草庵歌》，至今仍为日本曹洞宗的僧人用作必修日课。现在社会上流传的另一本《参同契》（全称《周易参同契》），是东汉魏伯阳所著，是道家养生经典之作。

肇庆佛教经过宋元两代的调整，为明清两代的复兴打下了更为坚实的人文基础。

① 《六祖惠能：东方哲圣光耀岭南》，《南方日报》2004年6月21日。

叶宪允所著的《佛儒之间——清初成鹫法师的遗民世界》中记载："博山派的曹洞宗高僧在惨弘赞亦在肇庆鼎湖山招贤纳士，使庆云寺精英麇集，声名鹊起，从此成为岭南的著名丛林，时人有'粤人之成僧者，非鼎湖即海云'之说。"①

清代释成鹫编撰的《鼎湖山志》记载：鼎湖山乃佛教圣地。鼎湖山庆云寺是岭南佛教一支重要的法系。郑际泰在《鼎湖山志》序言中称："岭南之有鼎湖，名山也。鼎湖之有庆云，名刹也。"②

由于清代民众对佛教的信奉和朝廷对佛教的重视，清初形成了百越佛教兴旺的盛况。然而至光绪年间，因"庙产兴学"，寺庙被毁，并没收寺产，各地的寺庙被逐步拆毁、占用，唯有肇庆鼎湖山庆云寺尚能保持香火，确属不易。

① 叶宪允著：《佛儒之间——清初成鹫法师的遗民世界》，北京：中国书籍出版社，2019年，第91页。

② ［清］释成鹫编撰，李福标、仇江点校：《鼎湖山志·序》，广州：广东教育出版社，2015年，第13页。

第二章

天溪生庆云

一　唐代

白云寺（庆云寺祖庭）

庆云寺能够成为今天岭南四大名刹之一，其发展历程离不开白云寺。

鼎湖山白云寺又称龙兴寺（鼎湖古寺），俗称老鼎。位于鼎湖山西南部，云溪上游的云顶山麓，距离庆云寺约5000米。白云寺始建于唐仪凤年间（676—678），面积约630平方米，为禅宗六祖惠能高徒智常禅师创建。

白云寺正门

兴盛时期，在智常禅师的感召下，白云寺附近先后建起白云寺属下的寺院三十六座，历史上号称鼎湖山佛教“三十六招提”。“当时鼎湖山佛教兴盛，史载有三十六招提，名僧聚

集，成为岭南的佛教中心之一。”①

直至今天，人们已经以“招提”为寺院的别称，此称呼也传至韩国和日本。

庆云寺的历史，与禅宗六祖惠能息息相关。我国的佛教历史经典文献《六祖坛经》中有一段这样的记述：“师（指惠能）一日唤门人法海、志诚、法达、神会、智常、智通、志彻、志道、法珍、法如等曰：‘汝等不同余人，吾灭度后，各为一方师。吾今教汝说法，不失本宗。’”②六祖惠能的弟子极多，得惠能晚年秘传的仅上述十大弟

招提

招提，是指民间私造的寺院。宋王应麟《杂识》：私造者为招提、若兰，杜枚所谓山台野邑是也。

“具名柘斗提舍，梵音，译曰四方。谓四方之僧为招提僧、四方僧之施物为招提僧物、四方僧之住处为招提僧坊。”③

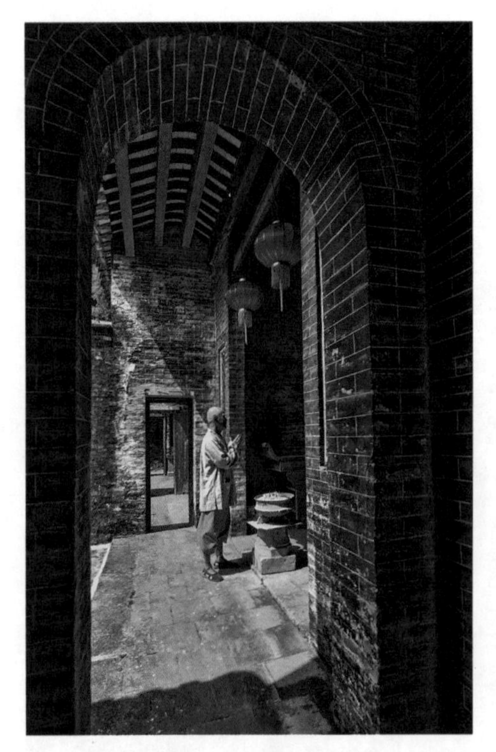

● 白云寺僧人礼佛

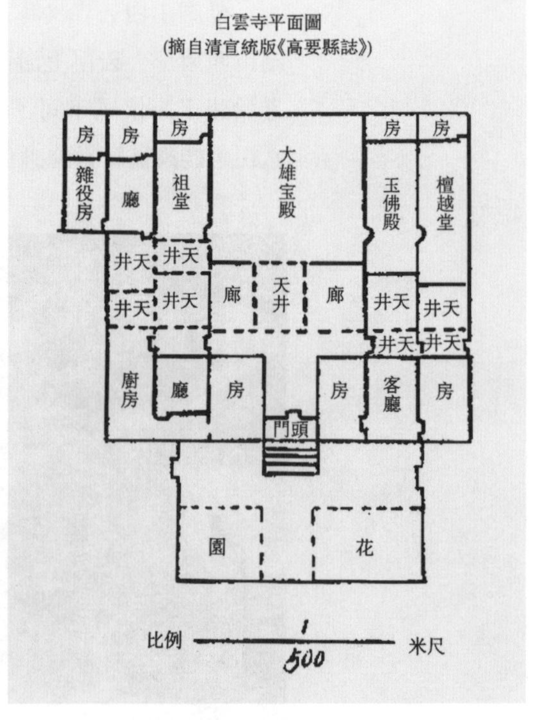

● 白云寺平面图（图片来源：清宣统版《高要县志》）

① 仇江等编撰：《新修鼎湖山庆云寺志》，广州：中山大学出版社，2018年，第12页。

② 苏树华、苗春宝著：《大话六祖坛经》，济南：齐鲁书社，2005年，第176页。

③ 丁福保编纂：《佛学大辞典》，北京：文物出版社，1984年，第687页。

子，而智常排列第五，仅居后来被尊为禅宗七祖的神会之后。六祖惠能圆寂后，智常遵照惠能大师“各为一方师”之嘱，前往鼎湖山开创白云寺。各方僧人仰慕智常禅师的声望，纷纷在白云寺周围建立寺宇，弘扬法道。

当时，不仅前来鼎湖山白云寺朝拜、游览的香客和游人特别多，还有聚集僧俗贸易的罗汉市（僧人交换物品的地方）等，可见僧人不少。

“当时佛法初兴，高僧类聚，环山四面皆为招提，人各一区，凡三十有六，至今龙潭飞瀑、涅槃台、三昧泉、圣僧桥、罗汉市遗迹尚存。”①

白云寺内景

① ［清］释成鹫编撰，李福标、仇江点校：《鼎湖山志》，广州：广东教育出版社，2015年，第4页。

白云寺的墙壁、瓦面和梁柱（组图）

历史上的鼎湖山“三十六招提”，现仅存一些遗迹，如莲庵、云栖庵、般若庵、观音庙、憩庵等。其中观音庙现保存较为完好。

“罗汉市在白云寺南。弥望荆榛，唯此一丘细草蒙茸，无复荒秽。相传向者白云僧盛时，诸庵三十有六。山中所需，贸迁于聚落之居人，日久成市。至今地犹濯濯然，其遗迹也。”①

老龙潭

经老龙潭，沿着溪水拾级而上，有一座青砖绿瓦的古代庵房，这便是观音庙，亦称“跃龙庵”。跃龙庵位于鼎湖山西坑的老龙潭北侧，该庵始建于唐代，为当时三十六招提之一。跃龙庵原为砖木结构，单檐硬山顶。中华人民共和国成立后尚保存完整，“文革”时遭到严重破坏。1979年重修，桁条、檐桷换上钢筋混凝土预制件。该庵分前后两列建筑物：后列

① ［清］释成鹫编撰，李福标、仇江点校：《鼎湖山志》，广州：广东教育出版社，2015年，第15页。

白云寺观音庙正门

白云寺观音庙内景（组图）

中间为正殿，两侧各有偏殿两间，前列中为韦陀殿，两侧为厢房和厨房。庵内原供奉的佛像于“文革”中被毁，1981年起，正殿供奉石雕观音大士像一尊。

白云寺殿堂

白云寺瓦檐（组图）

白云寺大雄宝殿

白云寺主体建筑分为前后两排，并以天井相隔，砖木结构，单檐硬山顶，龙船脊，上饰鳌鱼和宝珠，檐口琉璃瓦滴水。后排中间为大雄宝殿，供奉释迦牟尼铜像，左侧为五佛堂、檀越堂，右侧为祖堂、厅堂；前排中间为韦陀殿，供奉韦陀菩萨铜像，左右均为厅堂、厢房。寺内庭园古树苍翠挺拔，环境清幽。

白云寺里面有两尊圣像，铸造年代较远，一尊是韦陀殿供奉的韦陀菩萨像，另一尊是大雄宝殿右侧佛殿供奉的释迦牟尼佛

白云寺大钟（左）及韦陀菩萨铜像（右）

白云寺正门石匾额及石刻楹联

像。此外，大雄宝殿左侧佛殿内还有明朝万历年间石刻和清朝顺治年间石刻、康熙年间石刻，可惜这些石刻都残破不全了。

白云寺正门的石匾额“鼎湖古寺”四字为明代的金山禅师所书。正门两侧有石刻楹联：“卅六招提皈依古佛，十七福地迥出高天。”

由于白云寺以及“三十六招提”，如观音庙等年代久远的寺庙庵房旧址，都地处鼎湖山自然保护区的核心区域，按照现行的管理法规，如果没有行政审批许可和专门向导人员引路，香客、游人一般很难到达，更难目睹鼎湖古寺的真实景况。

唐代摩崖石刻

鼎湖山老龙潭石壁边，有涅槃台，是智常禅师坐禅、圆寂的地方。其时，智常禅师在他经常坐禅之处的石壁上，刻下“涅槃妙　正法眼　心藏”八个正书大字。据说这是鼎湖山目前发现的唯一的唐代摩崖石刻，这楷书石刻，也是鼎湖山留存最古老、最完整的石刻，十分珍贵。

书法石刻字高1.5米、宽2.35米，从左至右，为楷书，直行三行：第一行为“涅槃妙”，第二行为“正法眼”，第三行为“心藏”，排列异常，不著年月。《鼎湖山志》记载：“涅槃台在白云寺下。山势峭峻，攀援乃至。石平如掌，镌题八字曰‘正法眼藏，涅槃妙心’。相传大鑑高弟智常禅师降龙于此。下有龙潭，深不可测。”[①]

① ［清］释成鹫编撰，李福标、仇江点校：《鼎湖山志》，广州：广东教育出版社，2015年，第14页。

老龙潭

清《鼎湖山志》把这八个摩崖大字组合成“正法眼藏，涅槃妙心”。清同治年间孔广陶于旁边题刻称“鼎湖龙潭住庵智常刻为唐刻珍品”。

直到现在，人们一直把这三组字组普遍合成为“正法眼藏，涅槃妙心”。

“六祖惠能之高徒智常禅师入定之遗址，称之为‘涅槃台’。涅槃台石壁上有阴刻的楷体大字‘涅槃妙心，正法眼藏’。相传这八个大字是智常禅师所书，也是鼎湖山唯一的唐代摩崖石刻，十分珍贵。”[1] 不过，这八个字的次序不同。

这八个摩崖大字为什么分成三组？怎样的组合才合原意？这给后人留下很大的想象空间。毕竟，鼎湖山白云寺成为著名的佛教圣地，距今已有一千三百多年，鲜为人知的事情一定很多。

① 广东省肇庆星湖编志办编撰，刘明安、张云岭主编：《鼎湖山志》，广州：中山大学出版社，1993年，第37页。

二　明代

明末年间，在中国佛教史上被称为中兴禅宗三大老之一的憨山和尚来到肇庆，推动了肇庆佛教的复兴与发展。

憨山（1546—1623），俗姓蔡，名德清，号憨山，法号德清。“与莲池、紫柏两位高僧并称为‘以古佛现身’的三大老”[①]。其思想见解颇与禅宗六祖惠能大师相契，被认为是明末四大高僧之一。

憨山和尚于明万历十年（1582），因“祈嗣应验”，受李太后知遇。万历二十三年（1595）又因帝欲立福王为太子，与李太后欲立泰昌为太子的意愿发生矛盾，帝迁怒于憨山和尚，下旨查问李太后减膳助建报恩寺及其他馈赠之事。于是，憨山和尚被遣戍流放广东雷州。

“万历二十八年（1600），路过肇庆鼎湖山白云寺（当时在流放途中），捐白金25两，嘱当时住持金山宝贵和尚修建白云寺。”[②]

万历三十四年（1606），憨山遇赦。

白云寺的重修于万历三十五年（1607）动工，万历三十九年（1611）竣工，金山和尚手书“鼎湖古寺”石刻匾额。于是，白云寺更名“鼎湖古寺”。

白云寺门额

① 刘伟铿编著：《岭南名刹庆云寺》，广州：广东旅游出版社，1998年，第26页。

② 广东省肇庆星湖编志办编撰，刘明安、张云岭主编：《鼎湖山志》，广州：中山大学出版社，1993年，第99页。

鼎湖山的景色宏伟而幽深，常令憨山和尚激动不已。万历三十九年（1611）之偶日，憨山和尚自白云寺策杖往东行，在距白云寺不远的地方，见一处三台鼎峙，四面皆山，环如拱壁，中间地势杀险成夷，左右群峰辟易匍匐，岭峻涧险，人迹罕至的地方，宛若一朵盛开的莲花。憨山和尚不禁心动，即口吟诗："莲花瓣瓣涌青冥，古殿高寒傍七星。白昼云封天犬吠，夜深清梵有龙听。"①

憨山和尚所说的这个宝地，就是今日庆云寺所在的莲花峰。

鼎湖山层峦叠嶂，气候迥然异于山外，旦暮阴晴，气象万千，祥云时常缭绕山中，于是改"莲花庵"为"庆云庵"。

"此后，庆云寺的规模、人员都不断壮大，而一直尊白云寺为庆云寺的祖庭。"②

何为祖庭？祖庭，原指祖屋，家族的旧居。佛教界也有祖庭。

● 2022年庆云寺维修瓦面

① 广东省肇庆星湖编志办编撰，刘明安、张云岭主编：《鼎湖山志》，广州：中山大学出版社，1993年，第151页。

② 仇江等编撰：《新修鼎湖山庆云寺志》，广州：中山大学出版社，2018年，第14页。

佛教祖庭

佛教祖庭是指佛教宗祖布教传法之处。中国第一座佛教寺院是河南省洛阳市的白马寺，它被国内佛教弟子尊为佛教祖庭以及佛教发源地。在白马寺内还留有许多建寺以后保留下来的石碑或者器具之上都还留刻着“祖庭”或者“释源”等字样。白马寺不但是中国佛教的祖庭，还是越南、朝鲜、日本等国家佛教的祖庭和释源。

1979年出版的《随笔》第2集记载：“唐朝惠能和尚继承五祖衣钵，从湖北省黄梅东山寺到此定居，遂成禅宗正统，称祖庭，宋太祖赐名‘南华禅寺’。”

鼎湖山白云寺于1966年遭到严重破坏，1979年按原样修复。但梁架檐桁改用钢筋混凝土仿木结构，殿内圣像大多是古寺修复后重塑。

鼎湖山之所以能够成为历史上岭南旅游名胜之一，庆云寺之所以能够成为岭南四大名刹之一，其根本在于有以下四大要素：一是自然风景宜人，二是人文景观得体，三是高僧驻地弘法，四是建立寺院规矩。

庆云寺原名

万历三十四年（1606），憨山和尚遇赦。时隔五年后的万历三十九年（1611）暮春，憨山和尚在北归途中生病，在白云寺养病并驻锡一年。

在此期间，憨山和尚对鼎湖山，特别是对今庆云寺一带的风景很欣赏，且有自作诗记之。“苍梧西望鼎湖东，黄帝飞升湖已空。环佩自归金阙后，仙灵常在白云中。青山地涌莲花藏，绀殿天开释梵宫。倚杖独依空界立，侧身恍惚御泠风。”[1]

---

① 刘伟铿编注：《星湖鼎湖古诗选》，广州：广东旅游出版社，1983年，第102—103页。

时高要县上迪村蕉园人梁少川，字创台，号乐施。生于明万历二十三年（1595），卒于清顺治十七年（1660）。梁少川慕道好佛，崇信佛法。

“迪村梁氏虽世守鼎湖，常以山深地僻，难为耕凿，委诸草莽，不纪岁年。最后长者梁少川崇信颇笃，于崇祯癸酉岁始入山诛茅，建莲花庵，与善友十有四人共结净社，来往山中，同志无几，不免有土旷人稀之叹。是时，象林在公本龟阳朱氏子，初字子仁，结发好道，常有脱俗出尘之想。”①

明崇祯六年（1633），时祖籍新会，于万历三十九年（1611）生于阳江的朱子仁决意要出家。度岭往外省访道，经过端州，与居士陈清波交好，又通过陈清波认识了鼎湖山下迪村乡绅梁少川。乡绅梁少川、居士陈清波以及由阳江访道来此的朱子仁等十余人，结茅于莲花峰中心的虎窝。他们除草斩茅，募资捐献，平地建庵，用山中的茅草，编织建造简陋的屋舍，并拆移广利茶亭柱，建成茅草佛殿一座三间，左右草房皆泥石所砌。其余厨厕都是篱笆草舍，草创简陋，仅蔽风雨，周围栽松种竹，始建莲花庵。

创建莲花庵这件事就是广东佛学历史上较为经典的故事：结茅为庵。梁少川和朱子仁等人，欲效仿东晋时高僧净土宗祖师慧远大师（334—416）和十八高贤“共结莲社，同修净业”的故事，把“慕道好佛，崇信佛法”落到实处。

崇祯七年（1634），朱子仁礼高僧栖壑（1586—1658）于广州白云山蒲涧寺弘法。在惨归后，改名为庆云庵。也有传说，因为这个地方原名叫庆云岩，所以叫“庆云庵”。

庵

庵指圆形的草屋。时珍曰：庵，草屋也。此草乃蒿属，老茎可以盖覆庵间，故以名之。

古时修行人都喜欢住在山里，在山上搭个茅草屋，就叫庵。庵的本义指不对外开放的房屋，是修行人居住的地方。后来很多文人墨客也喜欢把自己的书房称作“庵”，意思是把自己的书房当成修行场所。

汉代以后，人们专门建了一些供比丘尼（指尼姑，已受具足戒的女性）居住的庵堂，所以“尼姑庵”也就逐渐成为佛教比丘尼居住、修行场所的专门名词。

① ［清］释成鹫编撰，李福标、仇江点校：《鼎湖山志》，广州：广东教育出版社，2015年，第5页。

庆云寺得名

清《鼎湖山志》中记载："明憨山祖师过此（现庆云故址），心赏其地万山环抱，状若莲花，纪（记）之以诗，有'莲花瓣瓣涌青冥'之句，谓不久当有福慧大人应化于此，更名莲花洞。初，山主梁少川筑莲花庵其中，后建道场。因庆云出现，乃易今名。"[①]

道场

道场："供养佛之处谓为道场"。[②]指修行佛道之区域，不论堂宇之有无，均称道场。

崇祯八年（1635）栖壑和尚赴新州（现云浮市新兴县）路经广利，在惨和尚偕梁少川等前往迎接，恳请栖壑入山住持。

崇祯九年（1636），在惨等人再到广州恳请，栖壑和尚确定于五月入山。崇祯九年（1636）农历五月廿六日，栖壑正式在鼎湖山开山弘法，改"庆云庵"为"庆云寺"。

"栖壑还认为，'庆云'二字，表示本寺'兼行云栖博山之道，不忘本也'。"[③]

"庆云"一词最早见于《列子·汤问》"庆云浮，甘露降"句，《辞海》的解释为五色山，古人称其为喜庆、吉祥之气，福泽祥瑞之气，也作景云、卿云，寓意美好。[④]从佛教上来说，庆云寺的取名实际上是佛教文化与中国传统文化汇通的结果，将中国传统的寓意移用在佛寺的命意上，蕴含喜庆、吉祥、和乐的意愿。

庆云寺向来与俗世联系较为密切。据史料记载：庆云寺的住持是在庆云寺初建时，由全寺僧人及捐钱建寺的乡绅联合议定，礼请名僧担任的。住持以代计，代代传承，第一代至第六代是终身制，任期一般至其圆寂，根据中山大学出版社2018年6月出版

① ［清］释成鹫编撰，李福标、仇江点校：《鼎湖山志》，广州：广东教育出版社，2015年，第12页。

② 丁福保编纂：《佛学大辞典》，北京：文物出版社，1984年，第1186页。

③ 广东省肇庆星湖编志办编撰，刘明安、张云岭主编：《鼎湖山志》，广州：中山大学出版社，1993年，第100页。

④ 《庆云县名的由来》，《德州晚报》2022年5月24日。

的《新修鼎湖山庆云寺志》（仇江等编撰）第50页："成鹫之后几代住持的任期，也是六年左右，而且逐步减少，趋向'一任三年'的定式。"第七十八代以后改为选举制，至今为第八十六代。

庆云寺历代住持都是学问丰富、道行高深、业绩出色的僧人。其中第一代栖壑、第二代在犙和第七代迹删最为突出。

栖壑和尚对佛教禅宗、净土宗、律宗的经论都精熟，是庆云寺的开山祖，以戒律为本，以禅净为宗。《鼎湖山志》中的《栖老和尚塔铭》记载："居常以禅、净、律诲众，严重温柔，一味平等。"①

鼎湖山庆云寺"禅、净、律三宗俱善"之盛名是有源可溯、名副其实的。

经栖壑和尚不断地营建，庆云寺成为规模庞大、殿堂众多、寺内布置周详、制度严整、职司齐备、信众分布广泛的名寺。并且，建成"子孙丛林"，将肇庆城内和近郊的峡山寺、白云寺、跃龙庵、梅庵等10座列入管理之中。

中国禅宗从六祖惠能之后，四传至于怀海，百余年间禅徒只以道相授受，多岩居穴处，或寄住律宗寺院。到了唐贞元至元和年间（785—820），禅宗日渐兴盛，于是折中大小乘经律，别立禅居，这是"丛林"之始。

一般来说，丛林以其住持传承的方式不同，可分为"子孙丛林"与"十方丛林"两类。从宋代起，丛林即有甲乙徒弟院、十方住持院、敕差住持院三种。甲乙徒弟院，是由自己所剃度的弟子轮流住持甲乙而传者，略称为甲乙院。十方住持院系公请诸方名宿住持，略称为十方院。敕差住持院，是由朝廷给牒任命住持者，略称为给牒院。甲乙徒弟院住持是一种师资相承的世袭制，故又称剃度丛林或子孙丛林。十方住持院住持由官吏监督的选举产生，亦称十方丛林。

丛林

丛林，意为森林、丛林。佛教用以称多数僧众聚居的地方，之后一般指佛寺。意为僧众和合共住一处，如树木之丛集为林。

"丛林清规"意为清净的规制，即僧众日常遵行的规则。

---

① ［清］释成鹫编撰，李福标、仇江点校：《鼎湖山志》，广州：广东教育出版社，2015年，第40页。

唐代百丈禅师所创的禅宗僧众清规，时称“百丈清规”，久已失传。现在全国僧众遵行的《敕修百丈清规》是元代僧人德辉参照宋、元诸家清规，假托百丈之名修订的，与百丈原有清规相去甚远。《敕修百丈清规》共八卷，分为祝厘、报恩、根本、尊祖、住持、两序、大众、节腊、法器九章。对寺院的各种组织体制、宗教活动、僧人的日常生活等均有详细的规定。

寺和庙

在我们平时的生活中，经常将“寺”和“庙”两个字放在一起，虽然看起来两者似乎都和宗教有关，殊不知这完全是两种不同职能的建筑概念，也就是说，无论是“寺”还是“庙”，在刚出现的时候都已经有其专属的职能。

在我国的传统文化当中，在佛教未传入中国之前，我国就已经有“寺”和“庙”的出现，但它们原本跟佛教没有任何关联。直到佛教传入中国之后，“寺”和“庙”才逐渐跟佛教有了一定的关联。因此，虽然“寺庙”一词经常被人们提起，但是“寺”和“庙”不能混为一谈，这两个字毕竟各自有着不同的历史和现实含义。

人们都知道，“寺”和“庙”都是民众祈福之所，承载着人们心中的一份寄托。但是，为什么在不同的建筑中，有的起名为“寺”，有的起名为“庙”呢?

在佛教还没有传入我国之前，就已经有“寺”的出现。寺，古代官署的名称。秦以官员任职之所，通称为“寺”。从唐代开

白云寺僧人礼佛

始，由于佛教盛行，“寺”作为官方机构的名字，也变得越来越少了。后来就演变为僧人长期生活修行的地方，供奉的佛像也逐渐多起来，被人们称为寺院或佛寺。

庙，本义是指供祭祖宗神位的地方。随着历史的发展，人们逐渐把自己心目中的诸神偶像，或者对国家有贡献的人物，放到庙中去供奉纪念。于是就有了大家所熟悉的以某个人物、神仙偶像为称呼的庙宇产生了，如孔子庙、关羽庙、城隍庙、财神庙等。

庆云寺，在明末清初由栖壑和尚开山的著名禅寺，在岭南禅学中一直处于名刹的地位，1983年被国务院列为全国汉族地区佛教全国重点寺院。

名刹

名刹，是指著名的佛教寺院。“刹”是梵语“刹多罗”的简称，意为寺庙佛塔。

三　清代

若要说清楚鼎湖山庆云寺的来历，有一个地方是绕不过的，这个地方叫“广利圩”。

纵观历史，不难看出，三百多年前，庆云寺从初始发展到现今的规模，是一步一个脚印走出来的，是集结了鼎湖山附近各乡民、绅士、居士、僧人努力之结果。而当时的广利圩（现肇庆市鼎湖区广利街道办事处）与庆云寺的创建，有着密不可分的人文地缘关系和不可磨灭的客观史实。在有关庆云寺佛教方面的史料中，多次提及“广利圩”这个地方。据统计，就清《鼎湖山志》一书中，提及“广利圩”这个地方就有12次之多。

“广利”之地名，是因为宋至道二年（996），修筑羚羊峡下最早的堤围“榄江堤”后，使堤内区域成为鱼米之乡和商旅往来之地。因物产丰盈，水陆交通便利，逐渐成为物品集散地，故取“地广物阜、财利亨通”之意，得名“广利”。千百年来，尽管世事沧桑，区域更变，行政区域称谓屡改，但“广利”这一地名始终没有改变。

● 现在的广利

时高要之广利圩，距鼎湖山约10千米，居水陆交通之便利，聚人文之精英。各地乡绅、居士、各路僧人云集于广利圩，出谋献计，参禅弘法。

《鼎湖山志》的《为戒长老手录开山缘起》中有记载："山主少川梁公善根夙植，笃信法门，颇识地理，自癸酉年首创茅蓬，名莲花庵。是年夏，在师到广利圩思修店处，自言出家，因谒茶亭勤心师，依住数月。"①

"寻有斋友十余人多广州府属者，贾于广利圩。"②

在《鼎湖山志》的《鼎湖山志总论》中亦有记载："（朱子仁）路过高峡，寄迹于广利之茶亭。"③

在庆云寺筹划建设的过程中，在众人谋划和物料供应上，广利圩起到很重要的作用，见证了庆云寺初始发展的历史。"依鋆半载而还，时崇祯癸酉秋也。诸友甚喜，遂拆广利施茶亭小柱来易茅蓬，而建佛殿一座三间，旁仍编茅作厨厕，仅蔽风雨。"④

当时，为了支持庆云寺的建设，广利民众不惜拆掉广利茶亭，贡献木桩木柱，成全众僧建寺的愿望。

随着庆云寺逐步建设完善，加上香火旺盛，慢慢地走上了正轨，各路僧人可以直上庆云寺挂单。加上憩庵（庆云寺下院）的建设也逐渐完成，到庆云寺的香客只需于憩庵稍作休息，就可以上庆云寺。

"1928年，修筑了罗鼎公路（罗隐涌口至鼎湖山）和高三公路（高要至三水），东、西方来的游人和香客可乘汽车直抵半山亭附近之寒翠桥。但当时汽车不多，有钱人家一般仍是乘船至罗隐下院（憩庵），然后坐山兜上寺。当时聚集憩庵一带的兜夫，据说有二百之众。"⑤

一直以来，广利的乡土文化习俗和庆云寺的佛教文化，互相交融、互为关联。清代广利之名人彭泰来、苏廷魁等，他们与庆云寺有着不解之缘，为重修庆云寺筹款，为庆云寺撰写

---

① ［清］释成鷲编撰，李福标、仇江点校：《鼎湖山志》，广州：广东教育出版社，2015年，第29页。

② ［清］释迹删纂，丁易修：《中国佛寺志丛刊·鼎湖山庆云寺志》，江苏：广陵书社，2011年，第226页。

③ ［清］释成鷲编撰，李福标、仇江点校：《鼎湖山志》，广州：广东教育出版社，2015年，第5页。

④ ［清］释迹删纂、丁易修：《中国佛寺志丛刊·鼎湖山庆云寺志》，江苏：广陵书社，2011年，第227—228页。

⑤ 仇江等编撰：《新修鼎湖山庆云寺志》，广州：中山大学出版社，2018年，第18页。

碑铭、对联，庆云寺僧人也尽心尽力扶助俗人社会发展。《鼎湖山庆云寺》记载，庆云寺第七十六代住持蕴空和尚（1893—1988）：“多次捐款给高要县修水利、堤围、建老人院、广利戏院。”①

值得一提的是，在庆云寺的创寺过程中，还有一位叫陈清波，水坑村人，过去的人较少提及，现代人对其更知之甚少。

《中国佛寺志丛刊·鼎湖山庆云寺志》记载：“崇祯癸酉（1633），在栖禅师未脱白时，访道端州及广利，与长者陈清波善，因交少川辈为莲社之游。”②

李彦瑁在《鼎湖山庆云寺记》记载：“少川崇信佛法颇笃，于崇祯癸酉（1633）结茅山中，号莲花庵，与友人陈清波诸子为莲社之游。”又云：“栖壑辞以蒲涧缘未了，仍返广州。临行出钱数十缗（缗），嘱陈清波令先备埏埴，以待将来。”③

“及师至端州广利，晤居士陈清波，因与少川辈为世外交，少川闻师姓与梦符，遂欣然（十六）施此地。”④

从这些材料可知，陈清波在创建莲花庵、庆云寺过程中应该是一位较为重要的人物，甚至栖壑曾嘱其先备埏埴以待将来。但查看一些涉及鼎湖山或庆云寺的史料时，除碑记中点滴记载外，鲜有文字提及此人。

《宣统高要县志》中，有这样的描述：“清波姓陈氏，僧名智觉，字常如。未毁服时，与朱子仁共乞梁少川顶（鼎）湖地，创莲花庵。事在明崇祯六年（1633）。明年同诣蒲涧，礼栖壑道丘，先后披剃。九年，迎道丘入山住持，弘赞遂度岭参方。智觉留侍为监寺，益廓院宇，改名庆云寺。清顺治十四年（1657），道丘示寂。时弘赞参方还，继主丛席。其冬，智觉谢监寺职，于顶湖东北创法云寺为退休地。康熙二年（1663）化去，弘赞为文

① 广东省肇庆市鼎湖山庆云寺编：《鼎湖山庆云寺》，第42页。（内部资料）

② ［清］释迹删纂，丁易修：《中国佛寺志丛刊·鼎湖山庆云寺志》，江苏：广陵书社，2011年，第573页。

③ ［清］释成鹫编撰，李福标、仇江点校：《鼎湖山志》，广州：广东教育出版社，2015年，第132页。

④ ［清］释成鹫编撰，李福标、仇江点校：《鼎湖山志》，广州：广东教育出版社，2015年，第49页。

祭之，具述智觉戒行共事颠末，盖二人实以道契相终始也。至弘赞逝后，一机（第六代住持）、成鹫住山，与智觉之徒等航、等解相水火。成鹫撰《鼎湖山志》，凡开山碑状，有稍及智觉劳勋者，悉为窜易，《志》末《山中难事》一卷，尤极谰诋。乾隆间，住持悟三始以众论削去。今故本犹有存者，故附其实于传后。"①

清《鼎湖山志》中的《六代和尚新旧沿革考》记载："而水坑陈清波亦于圩中开缸瓦铺，行六，人率称'缸瓦六'焉。声应气求，遂合志同觅地建佛堂，为时节聚会念佛所。"②

上述文字记述了水坑村的陈清波（智觉）参与创建庆云寺的过程，与《鼎湖山志》所录碑记大致相同，而且更为详细。后来，因一机和尚、成鹫和尚与其徒产生矛盾，成鹫在编撰《鼎湖山志》时，将其事迹编入《山中难事》卷中，陈清波之事逐渐失传。

"莲花庵"改名"庆云寺"后，四方高僧、香客云集，香火旺盛，乡绅梁少川施地建庵成寺的善事也广为传颂。庆云寺僧人念记蕉园村梁少川施地建庵成寺之功德，每逢除夕，庆云寺僧人必写楹联一副，派人下山贴至梁氏宗祠门的左右。如今，由庆云寺住持寿长洪慈所撰的对联："德播湖山功著千秋而不古，泽敷

● 梁氏宗祠

① 肇庆市人民政府地方志办公室编辑：《肇庆历代方志集成·宣统高要县志》，北京：中华书局，2021年，第1269页。

② ［清］释成鹫编撰，李福标、仇江点校：《鼎湖山志》，广州：广东教育出版社，2015年，第31页。

象岭名垂百代以常存”，以红木雕刻形式，固定挂在蕉园村梁氏宗祠后大厅内，供人欣赏。

蕉园村梁氏宗祠始建于明成化六年（1470），初建时坐西向东一连两进。清康熙五十一年（1712）重修，清光绪十六年（1890）再修，增为二间四进，占地面积约800平方米。宗祠牌坊正面阳刻“绩着通州”，大门口为彭泰来撰联，梁剑波先生书：“对策魁多士，兮符牧远州。”

中华人民共和国成立后，鼎湖山绝大部分的林地，特别是鼎湖山周边核心区林地已属国家所有（自然保护区），庆云寺的管理政策也随着国家对寺院的管理变化而变化，寺院住持的任命权已经收归于“民族宗教事务管理部门”。

蕉园村与庆云寺的关系，已经成为肇庆佛教历史上的一个重要组成部分，令人难以忘却。蕉园村梁氏宗祠，虽然已成残垣旧壁，没有了昔日的热闹场景，却成为鼎湖山发展的历史印记，令人津津乐道。

庆云寺的建筑与建置

古人云：名山胜景，必有名刹古寺置身其间。

从唐代开始，佛教僧人在兴建寺庙时，选址的重点已经转向风景名胜区。唐杜牧诗句“南朝四百八十寺，多少楼台烟雨中”，就是描绘当时寺庙园林风景的盛况。

鼎湖山是一个风水宝地，又有“第十七福地”之称。庆云寺按照中国佛教寺院的传统建设图则，依山而建，是具有岭南佛教特色的建筑群，更是我国禅学建筑的典范。

处于近乎原始森林中的鼎湖山庆云寺，把寺院建设与景观园林建设较完美地结合起来，不仅满足了佛教活动的需要，而且还把寺院的建筑美融于大自然中。

在整体建筑上，庆云寺以其特定的格局与自然山水高度和谐统一。它的主要组景是以真山真水为素材和背景，以不破坏、不违背自然环境为根本，充分利用地形地势和以山岩、溪流、树木、植物为主体的自然空间环境，形成一个相互渗透的“寺、

庆云寺全貌

树、溪、石、亭”有机结合体，起到初祖“借景”、文人“点景”、香客“观景”的作用，从而招引各地的高僧以及大量的香客、游人前往。

庆云寺的屋顶是颇具岭南古建筑风格的青瓦，像一根根绿色的竹竿架于屋顶。屋顶的雕塑分为陶塑和石雕等，有人物、

庆云寺殿堂之间瓦顶、脊梁连接处（局部）

中国佛教寺院的建设，最初是按照汉代的官署布局建造的，而且许多官吏、贵族和富人常施舍现成的官署或住宅为寺，因此，我国最初的一些佛寺，与官署、住宅并无显著区别。

这种院落式佛寺布局，一般是从山门（寺院正门）起，沿用中轴线，由下向上每隔一定距离就布置一座殿堂，周围用廊屋或楼阁把它们连起来，这样就构成一座寺院。具体地说，中轴线由下向上的主要建筑是山门、大雄宝殿。大殿之后是法堂或藏经楼、毗卢阁或观音殿等。天王殿前，仅钟、鼓两楼对峙。大雄宝殿前，左右又有伽蓝堂和祖师堂相对。法堂前面左右两厢多为斋堂和禅堂。法堂左右一般是住持的居处。其他尚有库房、客房、厨房、浴室等分布于四周。

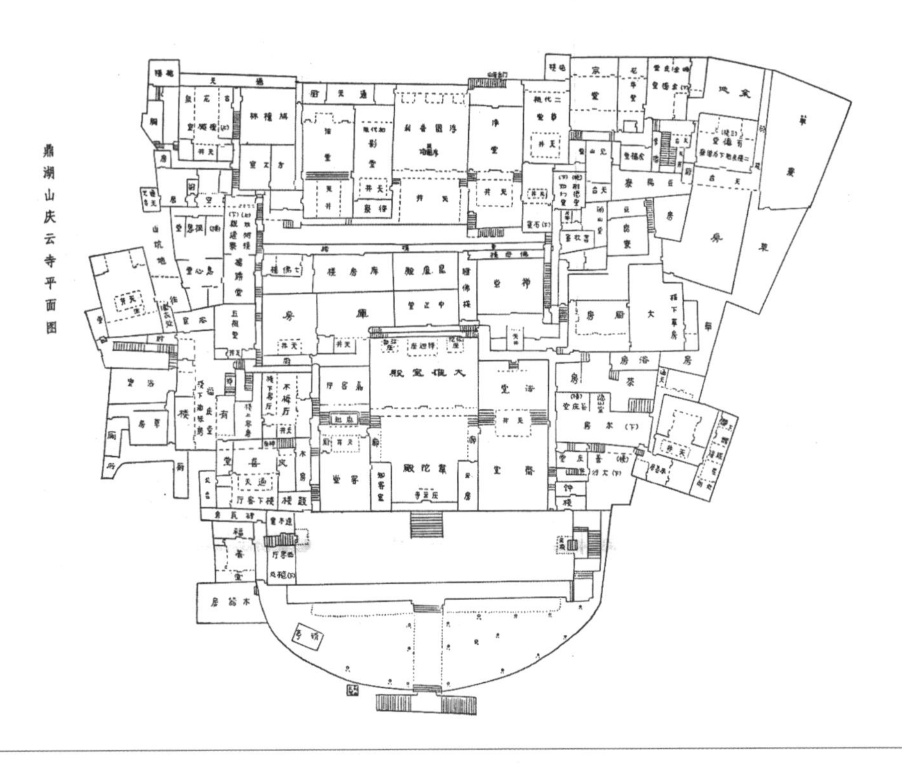

清代庆云寺平面图（图片来源：清宣统版《高要县志》）

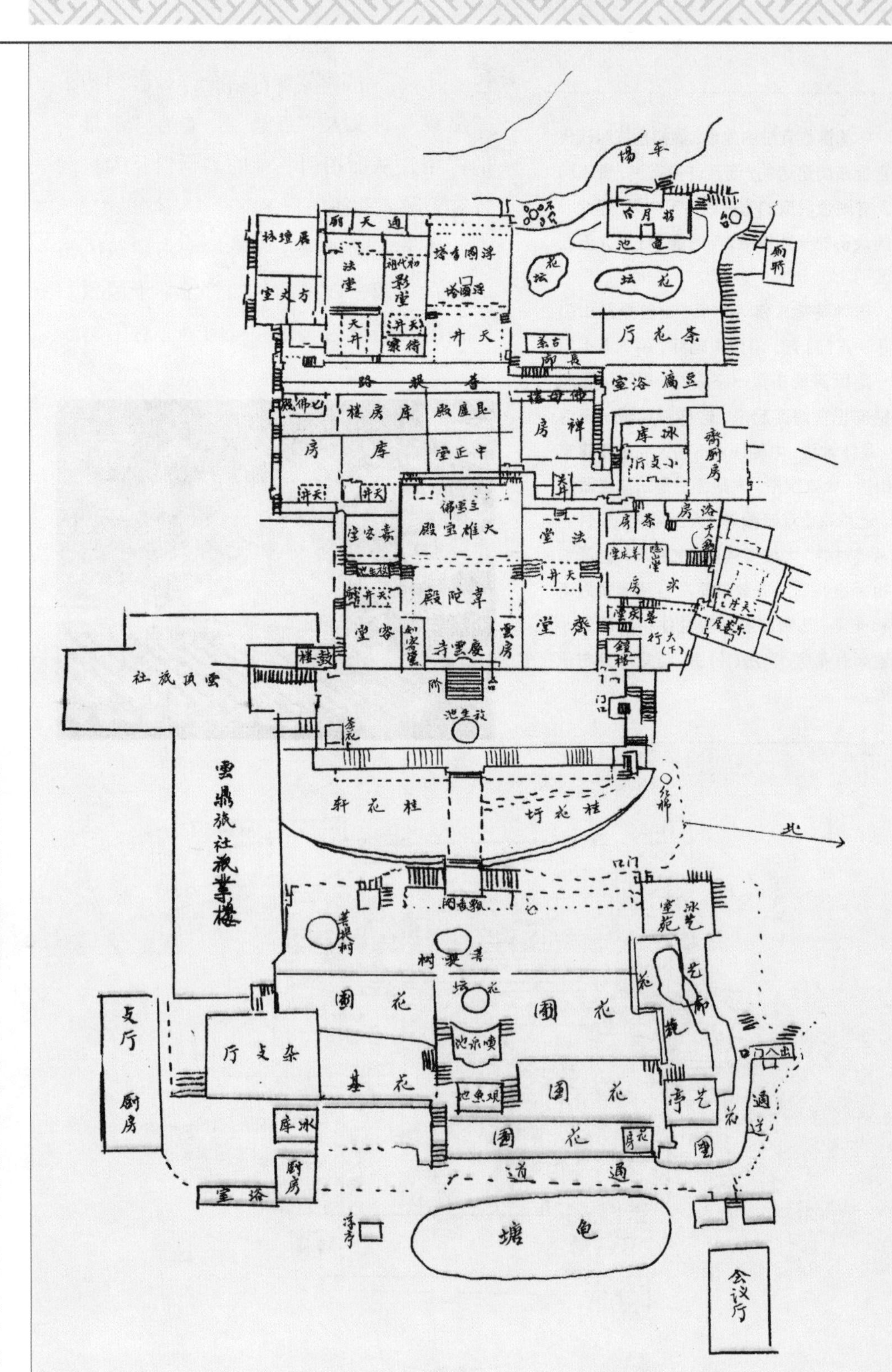

20世纪80年代庆云寺平面图（图片来源：仇江等编撰《新修鼎湖山庆云寺志》）

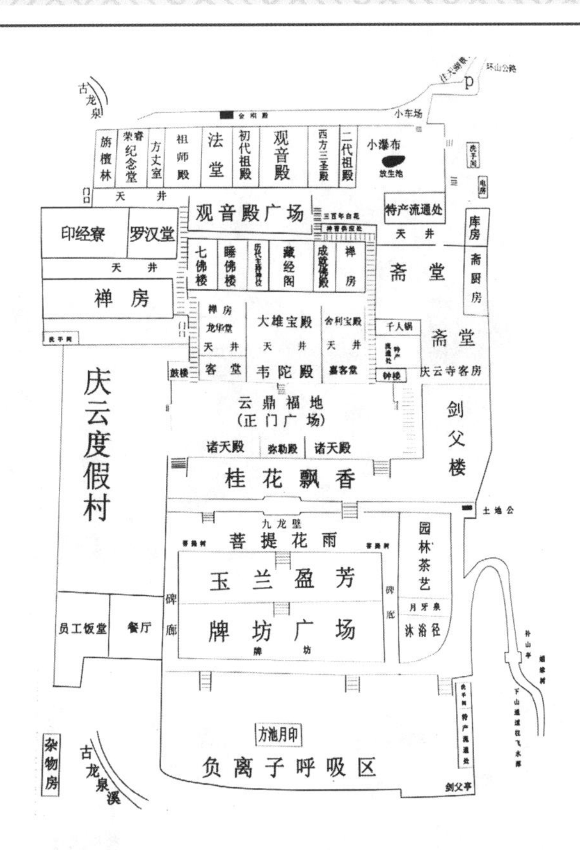

20世纪90年代庆云寺平面图（图片来源：广东省肇庆市鼎湖山庆云寺编《鼎湖山庆云寺》）

庆云寺佛母殿瓦顶（局部）

花卉、山水和鸟类，造型别致，花纹极精美，虽然历尽沧桑，但本色依存。屋顶内的雕塑是由厚重的木材或岩石制成，古色朴质，历久不衰。

在庆云寺，还有一个令人啧啧称奇的景象，就是庆云寺四周虽然都是阔叶林，每到秋季，黄叶纷纷坠落，遍地金黄，却没有一片叶子会落到庆云寺的屋顶瓦面上，堪称一绝。

“寺的建筑物均为砖木结构，建筑物按中轴线对称布局。并利用山肩缓坡共削成七级，寺院建筑群体分五级罗列。最高一级原为莲花庵故址，后改建为塔殿，单檐硬山顶，是祖堂之所在地。”①

① 广东省肇庆星湖编志办编撰，刘明安、张云岭主编：《鼎湖山志》，广州：中山大学出版社，1993年，第35页。

现庆云寺各主要殿堂位置分布图

大雄宝殿
韦陀殿
千佛殿
舍利宝殿
佛母殿
千人锅
斋堂
西门楼

庆云寺正门广场

寺内所设殿堂和所供佛像，充分体现其“禅、净、律三宗俱善”的特色。

庆云寺的布局自下而上依次为：

第一级：寺前花园、牌坊广场、方池月印。

第二级：金刚坛、四王殿、弥勒殿、二十四诸天殿。

第三级：云鼎福地（正门广场）。

第四级：韦陀殿、客堂、斋堂、钟楼、鼓楼。

第五级：大雄宝殿、视师堂、三宝堂（弥勒佛、释迦牟尼佛、阿弥陀佛）、伽蓝殿（华光佛、给孤独长者、关羽）、舍利宝殿、龙华堂。

第六级：七佛楼、睡佛楼（双树堂）、宗堂（历代住持牌位）、藏经楼（印经案）、毗卢殿、罗汉堂、成就佛殿。

第七级：观音殿广场、观音殿（原莲花庵位置）、祖师殿、初代祖殿、讲经堂、地藏殿、西方三圣殿、旃檀林、方丈室、二代祖殿、放生池、千佛殿、法堂。

庆云寺整体结构严谨，气势雄伟壮观。当然，与中国“四大佛教名山”的千年古刹相比，庆云寺实在不能算是一个大寺。但它和北回归线上的这片原始森林相融相依，造就了自然美景中的一道独特的人文景观。

殿堂

殿堂，是古代建筑群中的主体建筑，包括殿和堂两类建筑形式，其中殿为宫室、礼制和宗教建筑所专用。

“堂”字出现较早，原意是相对内室而言，指建筑物前部对外敞开的部分。堂的左右有序、有夹，室的两旁有房、有厢。这样的一组建筑又统称为堂，泛指天子、诸侯、大夫、士的居处建筑。

“殿”字出现较晚，原意是后部高起的物貌；用于建筑物，表示其形体高大，地位显著。自汉代以后，堂一般是指衙署和第宅中的主要建筑，但宫殿、寺观中的次要建筑也可称作堂，如南北朝宫殿中的东西堂，佛寺中的讲堂、斋堂等。

庆云寺大雄宝殿内梁结构（局部）

殿堂是中国佛寺中重要屋宇的总称。因这些屋宇或称殿，或称堂，故统称为殿堂。殿是奉安佛、菩萨像以供礼拜祈祷的场所，堂是供僧众说法行道等用的地方。殿堂的名称即依所安本尊及其用途而定。

在佛教寺庙的殿堂，有各种不同的佛、菩萨、罗汉等守护神像，这些塑像有时是代表某种教义上的理想、博爱的象征，有时具有力量而为众生膜拜的对象。

庆云寺大殿走廊

气势雄伟的大雄宝殿

大

庆云寺的匾额

“第十七福地”匾额

“第十七福地”五个大字的匾额，木板制作，高0.61米、宽2.2米。横排从右到左，篆书，阴刻；匾左方题款为“彭泰来按图经题”分作直行两行，楷书阴刻。该匾额于清咸丰十一年（1861）刻制，现挂存于庆云寺左侧门。另外一个“第十七福地”匾额挂存在弥勒殿的正前方。

● 彭泰来题写手迹

● 庆云寺正门广场西门内

最早提及“第十七福地”，是在白云寺山门对联。对联原文：“卅六招提皈依古佛，十七福地迥出高天。”鼎湖古寺于明万历三十九年（1611）正月谷旦重建，清咸丰九年（1859）孟夏吉旦重修，清光绪二十九年（1903）正月吉旦重修。

“唐时此处有三十六招提。招提即寺庙。又据道书《云芨七签》所载天下名山胜境，有二十四洞天三十六福地，鼎湖为第十七福地。指荆山鼎湖，此处为附会。”①

据《鼎湖山志》记载：“考道书所载，海内名山为洞天者二十有四，为福地者三十有六。后世好道之士，往往深信其言，谓天下名山尽乎是矣。”②

---

① 刘伟铿编著：《岭南名刹庆云寺》，广州：广东旅游出版社，1998年，第193页。

② ［清］释成鹫编撰，李福标、仇江点校：《鼎湖山志》，广州：广东教育出版社，2015年，第4页。

弥勒殿正前方

咸丰十年（1860），农民起义军“红中军”曾经一度占据庆云寺。在清兵与“红中军”交战之中，庆云寺全部建筑被焚毁，佛像及其他设施损坏极严重。“对此清朝广东才子彭泰来有华章记述：‘丈六伽陀宝相，乘火宅则归虚。七重舍利浮图，倾铜山而莫挽。经楼义殿展，半化飞灰。金氍朱幡，攫无遗物。’”①

可见当时交战场面之惨烈、修葺难度之巨大。

第二年，庆云寺住持淡凡和尚全力化缘募款，得到时任端溪书院山长苏廷魁、名士彭泰来等人发动本地与海内外施主资助，彭泰来并代住持淡凡和尚撰写《募修鼎湖山庆云寺序》。

① 广东省肇庆市鼎湖山庆云寺编：《鼎湖山庆云寺》（内部资料），第11页。

庆云寺正面图

“庆云寺”匾额

庆云寺正大门前正上方，有一“庆云寺”匾额，为苏廷魁所书。题款“咸丰庚申冬月重修，苏廷魁书”。清道光十五年（1835）进士苏廷魁，官至东河总督，肇庆高要广利（现鼎湖区）长利村人，为庆云寺写下“庆云寺”三字横匾，为世人赞叹。匾额刻于清咸丰十年（1860）。“庆云寺”三个大字，横排从右至左，字体朴实无华，刚劲有力，端庄稳重。香樟木制作，高1米、宽3.05米，楷书，阳刻。匾四周边缘饰回形纹图案。

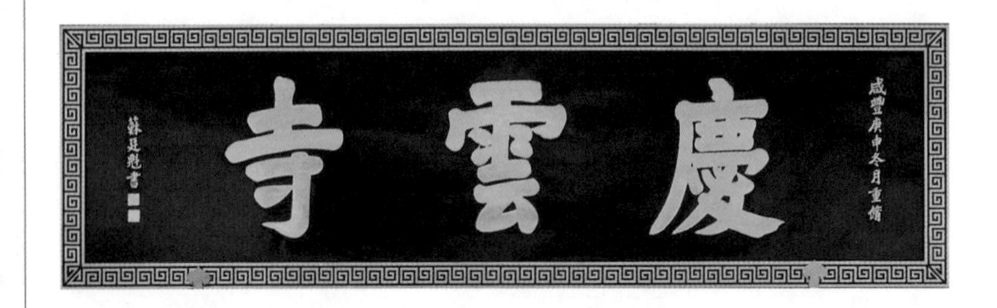

庆云寺匾额

梁剑波所书对联

咸丰十一年（1861），彭泰来为庆云寺正大门口两侧撰写楹联“莲花历劫香初地，云液飞泉响万峰”。这是彭泰来的代表作，悬挂在正山门两侧，可惜毁于“文革”。

“1981年梁剑波重立并书。”[①] 1981年由肇庆文化名人梁剑波老中医（肇庆市佛教协会名誉会长）捐资，撰文重修庆云寺记

① 广东省肇庆星湖编志办编撰，刘明安、张云岭主编：《鼎湖山志》，广州：中山大学出版社，1993年，第189页。

庆云寺正门匾额

刻石，并书大门对联，“莲花历劫香初地，云液飞泉响万峰”，署“佛历2525年（1981）岁次辛酉，宇澄梁剑波重立并书”，挂在庆云寺大门两侧。对联书法庄重大方，端庄自然。

现大门口所挂对联是庆云寺常住按彭泰来原迹临摹而成，于2010年1月挂上。

“敕赐万寿庆云寺”匾额

“至同治、光绪间，庆云寺的规模达到历史上最高，殿宇庄严雄伟，僧众最多时达一千二百余人，香火盛旺，并获朝廷嘉赏。”[1]

“敕赐万寿庆云寺”匾额（原件）

在庆云寺正门入门口内上方，有“敕赐万寿庆云寺”匾额。该匾额是清光绪十九年（1893）慈禧太后在六十岁寿辰时赐给庆云寺。匾额高1.82米、宽0.82米，阴刻，楷书，红底金字，边缘有金色龙纹图案。

据史料记载：光绪十九年（1893），庆云寺本山嗣孙隆范献纯大师住持浙江宁波天童寺，认识京官，于是，约三寮（云房、客堂、库房）大师与在任第五十三代住持隆璧琼熠进京请《龙藏经》五千零四十八卷，适逢慈禧万寿诞（即慈禧的六十岁寿辰），慈禧命翰林院书“敕赐万寿庆云寺”并赠《龙藏经》《释迦应化事迹全图》于庆云寺。进京贺寿代表回庆云寺时，队伍行列高举“奉旨回山”“圣旨钦锡龙藏经”“万寿无疆”头牌，浩荡无比。

「敕赐万寿庆云寺」匾额

慈禧太后赐予庆云寺的“敕赐万寿庆云寺”匾额、《龙藏经》和《释迦应化事迹全图》诸物，说明庆云寺当时得到无限荣耀，也迎来了庆云寺的隆盛时期。

---

① 仇江等编撰：《新修鼎湖山庆云寺志》，广州：中山大学出版社，2018年，第17页。

大香炉和塔式香炉

庆云寺西门入口门楼

庆云寺正大门云鼎福地广场，有一座“鼎”形铸铁大香炉，炉长5.43米、宽1.03米、高0.93米，香炉正面有“庆云寺”三个阳刻大字，于2006年12月28日建好。

庆云寺正大门云鼎福地广场前的两侧，还安放塔式香炉各一座，高2.46米，底座宽0.96米。底座为莲花造型，中间位

庆云寺云鼎福地广场大香炉

庆云寺云鼎福地广场塔式香炉（组图）

置有六个窗口，供烧香之用，为正大门广场增添了庄严气氛。

庆云寺云鼎福地广场与正大门之间有石板梯级，首级两边各有一石狮子。石狮子高0.3米、宽0.25米，神态祥和，气势凛然，默默地守护着岭南名刹庆云寺。

● 庆云寺云鼎福地广场之塔式香炉

● 庆云寺正大门的石狮子（组图）

韦陀殿

韦陀殿供奉的是韦陀天神，是二十诸天中的护法天神。在庆云寺中，它背对山门，面朝大雄宝殿。

中国佛教寺院中的韦陀天神，为身穿甲胄的中国古代武将样貌，始于唐代律宗开山祖道宣和尚（596—667）。

● 韦陀殿正面

● 韦陀殿瓦顶、脊梁装饰（左右为一对）（组图）

韦陀铜佛像

韦陀像有两种姿势：一种是双手合十，金刚杵横于腕上；一种是一只手握金刚杵拄地，另一只手叉腰。庆云寺韦陀像为第二种姿势，与庆云寺属于子孙丛林有关。即非本寺子孙，恕不供养。

在韦陀殿上端有“护法殿”匾额。木板制作，高0.63米、宽2.45米，楷书，阳刻，于清咸丰十一年（1861）刻制，由顺德人罗惇衍书。

1978年，由国家拨款重铸韦陀殿的韦陀铜佛像。

韦陀殿瓦面雕塑

客堂

韦陀殿右方为客堂，面积约126平方米。

「客堂」匾额

孙中山题写的“众生平等，一切有情”大字条幅楹联，挂在客堂正中，格外生辉。这副对联原作已佚，今悬挂的为集字联。客堂正中还有“神游窅霭间”的横额，引人注目。“镇两粤咽喉来往同登福地，食十方粥饭清贫不负名山”的对联，木板制作，高2.75米、宽0.33米，楷书，阴刻。该联原是平南王尚可喜于清康熙九年（1670）书写，咸丰十年（1860）被焚毁，现存的是光绪二十九年（1903）香山人邓鼐重书。客堂是庆云寺的“荣誉室”和“捐善处”，寺里很多的历史纪念照片都悬挂在客堂，香客解囊布施也都是在客堂进行。

客堂

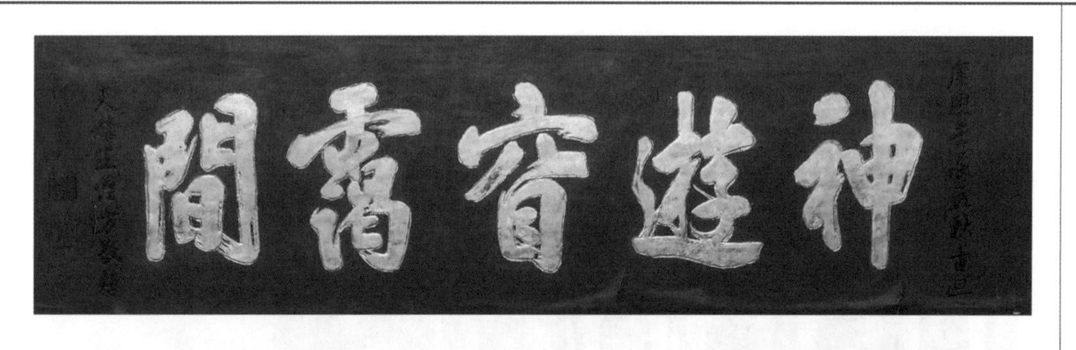

客堂正中横额

客堂对联（组图）

客堂内景（局部）

客堂有一排红木座椅，整张椅雕饰华丽，线条流畅。其中，有四张椅背雕有“静香阁”三个字，圆润饱满，大方得体。

“五福祥云”彩瓷浮雕

客堂的天井壁上有“五福祥云”彩瓷浮雕。彩瓷浮雕高2.15米，宽3米。

彩瓷浮雕两边有一副对联：“王摩诘诗中有画，舍利子色不异空。”对联有三个篆刻印章：“长美”“造居”“石湾”，三个篆刻印章艺术感至极。关于这幅大型禅意彩瓷浮雕的意境，庆云寺的僧人这样解读：图画中间是一个巨大的“寿”字，表示“无量寿佛”，即阿弥陀佛的永恒，圆形的“寿”字，表示念佛圆满。“寿”字顶上有太阳，表示光明。“寿”字周围有五蝠（福）临门，还有无数的云，寓意芸芸众生。最外面的紫花图案共六十朵，代表六十花甲，周而复始。

唐代著名诗人、画家、佛学家王维（701—761），字摩诘。《新唐书·王维传》中谓其母在生他时，梦维摩入室，故取名“王维”。王维佛学修养深厚，其诗、画都体现出佛教空、明的意境。苏轼曾言：“味摩诘之诗，诗中有画；观摩诘之画，画中有诗。”

这副对联亦可读作：“舍利子色不异空，王摩诘诗中有画。”意在鼓励世人，若能明心见性，则终究可体会佛教之意

『五福祥云』彩瓷浮雕

境，出家更可研习佛教之教义，均能参透佛理。传递禅宗“人人皆可成佛”之意。

1979年，广东省政府批准拨款修缮庆云寺，“五福祥云”彩瓷浮雕得以恢复原样。

“五福祥云”彩瓷浮雕的上方，还有一幅瓷质浮雕，高0.6米、宽5米。以写实手法塑造，立体感强烈。

“五福祥云”彩瓷浮雕的下方放着一个陶瓷水缸和两个圆鼓花座，美轮美奂，和谐统一。陶瓷水缸高0.9米，直径0.7米。两个圆鼓花座，均高0.7米，直径0.3米。

『五福祥云』彩瓷浮雕上方的瓷质浮雕

斋堂

韦陀殿左为斋堂，旧称普供堂，是僧人进餐的地方。

按照《佛学大辞典》解释：斋堂，即指禅宗寺院之食堂。

鼎湖上素

“鼎湖上素、鼎湖豆腐与罗汉斋一直享有盛名。”①

“鼎湖上素”是庆云寺的一道著名斋（素）菜，由庆云寺一位老和尚首创于南明永历帝年间。据史料记载：1649年夏，南明永历帝朱由榔与母亲上鼎湖山，以庆云寺为行宫。庆云寺内老和尚就地取材，选取上好的菇类、菌类和银耳配上笋干等，再用鼎

① 广东省肇庆市鼎湖山庆云寺编：《鼎湖山庆云寺》（内部资料），第59页。

湖山泉烹之，做成这道庆云寺特有的素菜。

康熙末年，庆云寺专门开设了“豆腐寮”和“炒茶寮”，如今遐迩闻名的鼎湖素菜，就是在这个时候崭露头角的。

如今制作“鼎湖上素”更为讲究，先将雪耳、桂花耳、香菇、竹荪等洗净煨熟，然后将其中一部分沿着盆底拼砌成圆圈，余下各料填满其中，覆扣于盘上，呈层次分明的“山”形。最后用调料酱汁勾芡，淋于其上即成。菜品极具用料精细、色调雅丽、层次分明、鲜嫩滑爽、清香溢口、风味独特的粤菜特点，是素斋中的最高上素。

鼎湖上素

经历多年的宣传，各地争相把“鼎湖上素”变为菜馆名菜，一些国内著名寺院的斋堂和高级宾馆酒店的粤菜中，常见有“鼎湖上素”这个菜。

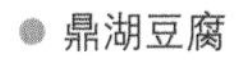

鼎湖豆腐

庆云寺『鼎湖上素』的主要食材配料

大雄宝殿

大雄宝殿坐西向东，面积约213.1平方米。“大雄宝殿”匾额由赵朴初于1986年书，阳刻，高1米、宽4米。大雄宝殿最初由栖壑和尚捐衣钵资及众缘成就。清代也有多次重修。在“文革”时全寺大小佛像、瓦脊工艺雕刻全部被人为砸坏。

1988年至1989年，庆云寺重修大雄宝殿，重塑佛像。大雄宝殿正脊上的陶瓷雕塑繁复华丽，题材取自“唐僧西竺取经”的故事，整体颜色雅丽脱俗，造型复杂多样，数十个人物雕像惟妙惟肖，配以山石亭台、花草树木为背景，重现唐僧取经的场景。在瓷塑的显著位置上，印有“广东省石湾建筑陶瓷厂”和“一九八八年岁戊辰重修”字样。

大雄宝殿主梁脊上的陶瓷雕塑（组图）

大雄宝殿内三宝堂

大雄宝殿正中为三宝堂，供奉三宝佛（右边阿弥陀佛、中间释迦牟尼佛、左边弥勒佛）。一般寺庙三宝佛分横三世与竖三世，净土宗多供奉横三世，禅宗与律宗多供奉竖三世。

横三世指东方净琉璃世界的药师佛，中间娑婆世界的释迦牟尼佛，西方极乐世界的阿弥陀佛。

竖三世指过去世庄严劫燃灯佛，现在世此贤劫释迦牟尼佛，未来世星宿劫弥勒佛。

由于庆云寺是禅、净、律三宗俱善，故与上述不同。所供三宝佛是阿弥陀佛、释迦牟尼佛、弥勒佛，而且开山即已如此。

释迦牟尼是佛教创始人，庆云寺的释迦牟尼佛像结跏趺坐在莲台上，身穿通肩大衣，手作说法印，头有肉髻、螺发，双耳垂肩，眉目修长，背有火焰的身光和头。

现在庆云寺大雄宝殿通道上端横枋上，有匾额两幅，一幅是“日照氛昏”，木板制作，高1.04米、宽2.9米，楷书，阳刻，于清道光

“日照氛昏”匾额

● “佛光普照”匾额

三十年（1850）通政使司通政使、顺德人罗惇衍书。另一幅是“佛光普照”，木板制作，高1.04米、宽2.9米，楷书，阳刻，肇庆人卢有光书，于1989年刻。

在庆云寺大雄宝殿檐柱两侧，有一副楹联“面震旦而结梵宫绿树森环何用白云封洞口，据湖山以开法界红尘远隔还欣紫气满庭前”，木板制作，长3.16米、宽0.21米，行书，阴刻，是清光绪九年（1883）顺德人罗永祺所书。

1978年，由国家拨款修葺庆云寺，并修复了一些佛像和法器，包括修复了三宝佛以及祖师殿、伽蓝殿的佛像，并逐步置帐幔及修复一些对联。

大雄宝殿内景

庆云寺大雄宝殿三宝堂前，除按台外，还有几件法器引人注目，如香炉、木鱼、水盂和金鼓等。其中，香炉高0.28米、直径0.32米，底座长0.6米、宽0.5米、背高1.4米；木鱼底座长和宽各0.9米，高1.02米；水盂底座长和宽各0.66米，高1.16米；金鼓加底座长和宽各1.2米，高2.93米。

大雄宝殿内法器（香炉、木鱼、水盂和金鼓）（组图）

庆云寺大雄宝殿内壁挂有八幅画，两边各挂有四幅。每幅画高2.9米、宽1.5米。内容是描绘“二十四诸天大神”事迹。由广西籍女生贺萍临摹两年而成，于2008年完成。原作于20世纪80年代，由庆云寺从广州美术学院请回，现收藏于庆云寺“藏品室”。

大雄宝殿内壁的八幅画（组图）

大雄宝殿前有一巨大石质香炉，长6.4米、宽1.5米、高1.1米。

大雄宝殿的香炉于1980年重置，刻有铭文：“如意聚宝。一九八〇年，新会陈荣送。”

2021年，庆云寺对大雄宝殿的正前屏风门进行了全面维修更换，换上了由菠萝格雕制而成的红木屏风门，现场景观超尘拔俗，亮丽夺目。

大雄宝殿夜景

消火栓

伽蓝殿

在大雄宝殿内三宝堂左边为伽蓝殿，供奉华光佛、给孤独长者和关羽。体现了中国佛教寺院的特色。

伽蓝殿（右华光佛、中给孤独长者、左关羽）

祖师堂

在大雄宝殿内三宝堂右边为祖师堂，供奉东土祖师达摩、弘忍和惠能。

祖师堂（右达摩、中弘忍、左惠能）

法堂

佛教的传戒仪式，一般于法堂举行，至时鸣钟集众于法堂。法堂，又名讲经堂，是演说佛法、板戒集会之所。法堂之建，始于东晋道安。隋唐宗派佛教

法堂

法堂瓦顶脊梁装饰浮雕画

时，各宗都视法堂为寺院内仅次于佛殿的主要建筑。

禅僧怀海（720—814）创立的《禅门规式》中规定：不立佛殿，唯树法堂，表佛祖亲嘱授当代为尊也。这是把法堂置于禅寺最重要的地位。

法堂内一般设有佛像、法座、钟鼓等器具。法座又称狮子座，于堂中设立高台，中置座椅，为禅师说法之座，座前设讲台。法座之后置罘罳法被或板屏，或挂狮子图以象征佛的说法。禅宗的法堂在一个时期内曾是师徒互相启发、激扬禅法的重要场所。

传戒

僧寺召集四方新出家之僧人，为之受戒，名曰传戒。[①]

庆云寺开坛传戒，一般一年一次。传戒是为出家的僧尼或在家的教徒入教举行的一种宗教仪式。就求戒的人说是受戒、纳戒或进戒，就寺院说是开戒或放戒。

① 丁福保编纂：《佛学大辞典》，北京：文物出版社，1984年，第1193页。

法堂前廊

传戒之法分为三个阶段，亦称“三坛”。初坛为沙弥戒，又称“剃染”；二坛为比丘戒或比丘尼戒，又称具足戒；三坛为菩萨戒，又称大乘戒。

初坛传戒仪式于法堂举行。至时鸣钟集众，新戒齐集法堂，传戒和尚即为开导受十戒（不杀生、不偷盗、不淫、不妄语、不饮酒、不涂饰香、不听视歌舞、不坐高广大床、不非时食、不蓄金银财宝）的意义，并举行“三皈依”的羯磨（仪式）。

初坛沙弥戒可授予七岁至二十岁之人。年满二十岁方可授具足戒。

戒坛上只着重宣讲四重戒或四重禁，即淫、杀、盗、妄。戒期完毕，由庆云寺发给“戒牒”及“同戒录”，表示承认该僧人为庆云寺弟子。

戒牒

戒牒，亦称护戒牒，是指僧尼出家受戒后所发之受戒证件。据《释氏稽古略》卷三载：唐代宣宗大中十年（856），曾敕任法师辩章为三教首座，命僧尼受戒给牒，此为我国僧尼正式受戒给牒之始。

聖旨
護戒牒
敕賜粵東端州鼎湖山鶴壽慶雲禪院戒壇

护戒牒

唐、宋时期，僧尼出家时即须领取度牒（出家僧籍证明书），受戒后再领取戒牒，这个证件由官方颁发，且受戒时须呈验度牒，方准受戒。明洪武至永乐年间（1368—1424），三度敕许僧俗受戒者抄白牒文随身携带，以此为执照。凡遇各地关津把隘之处，凭随身携带牒文验实放行。戒牒之作用遂成为僧尼旅行护照。清雍正废止度牒，僧尼出家漫无限制，各地亦传戒频繁，戒牒则改由传戒寺院发给。至民国以后，已无度牒之颁予，而仅存戒牒之制。

名山和名刹，庆云寺两者兼称，使庆云寺成为国内少有的佛教子孙丛林。庆云寺规模宏大，殿堂雄伟，古朴清幽，法相庄严，配套齐全，可容纳较多僧人，出家人有戒牒随身的，都可投入其间。历史上，庆云寺接纳十方挂单僧人而不受限制，这有别于一般丛林。

挂单

居士住在寺院里修行，在佛教中称“挂单”。在汉传佛教中，“单”是指僧堂里的名单，行脚僧把自己的僧衣挂在名单之下，表示暂住，因此称这样的投宿为挂单。后来也用在居士暂住寺院修行上。在汉传佛教的不少寺院中，至今仍然保留了这一传统。

“挂单”还引申出很多意思：若寺庙挂单人数已满而不接受挂单，称“止单”。自己左右两邻的床铺，称“邻单”。辞别寺院，称“起单”或“抽单”。挂单后，日久知其行履确可共住者，即送入禅堂，称“安单”。拜访其他居士挂单的住处，称“看单”。若犯戒被摈出门，称“迁单”。偷偷地离开寺院，称“溜单”。提供僧众住宿额满，称“满单”。无限制接引僧众投宿，称“海单”。安排僧众住宿，称“送单”或“进单”。在汉传佛教中，居士挂单有一套严格的流程，以保证寺院的清净和修行秩序不被干扰。有些寺院会把居士挂单的须知张贴在寺院门口，给居士们看。

● 龙华堂

龙华堂

龙华堂在大雄宝殿右侧，面积约100平方米，供奉先人及历代祖先牌位。

● 吉祥圣水缸

吉祥圣水缸

在舍利宝殿前天井处，有一组三个以“吉祥龙”为寓意的盛水容器，以中间的圆形水缸为最大，高1.06米，直径1.03米，水缸表面雕刻有祥龙戏珠的图案，神采奕奕。两边各有一个源源不断的龙泉水出口，出口下方各有一个半圆形的莲花造型的水盆，香客在此洗手，如沐圣水，令人心旷神怡。

舍利宝殿

舍利宝殿在大雄宝殿左侧，面积约98平方米。原是做“大焰口”法事的地方，今供奉舍利子小铜塔，供人瞻仰。

相传释迦牟尼佛涅槃时，神通力上涌为三昧真火，自焚身躯。骨头化为白舍利，肌肉化为红舍利，毛发化为黑舍利，一颗颗坚硬无比，光彩夺目，像天降花雨一样，把佛迹降临众生，合起来共有四斛八斗。当时为天竺的八个国王分取，建塔供奉，视如至宝。后来佛舍利有一部分由印度神秘传入我国名山大寺。

舍利子

“舍利”是梵文的音译，意指高僧火化后的身骨。以释迦牟尼佛的舍利最为珍贵。

“舍利子四颗，其中红色两颗，白色两颗，大者如石榴仁，小的如绿豆。舍利子是佛教的珍品，据说只有道行高的名僧，圆

舍利子四颗，红色、白色各两颗（组图）

寂火化后才会有舍利子遗留下来。‘舍利子’三字是梵文‘坚固’的意思，所以有些佛书又译作‘坚固子’，并说舍利子‘水浸不坏，火烧不烂’。”①

《鼎湖山志》同时记载：“我国东晋时，舍利子从印度传入，并分别存放在国内名山大寺中。据说江西庐山就存有三瓶。明代憨山大师从中得到几颗，鼎湖山庆云寺第一代住持栖壑和尚从憨山的弟子手上得到四颗。清顺治十四年（1657）栖壑将这些舍利子供奉在庆云寺铁塔塔基下。”②

舍利宝殿正门挂有『舍利塔』匾额

①② 广东省肇庆星湖编志办编撰，刘明安、张云岭主编：《鼎湖山志》，广州：中山大学出版社，1993年，第41页。

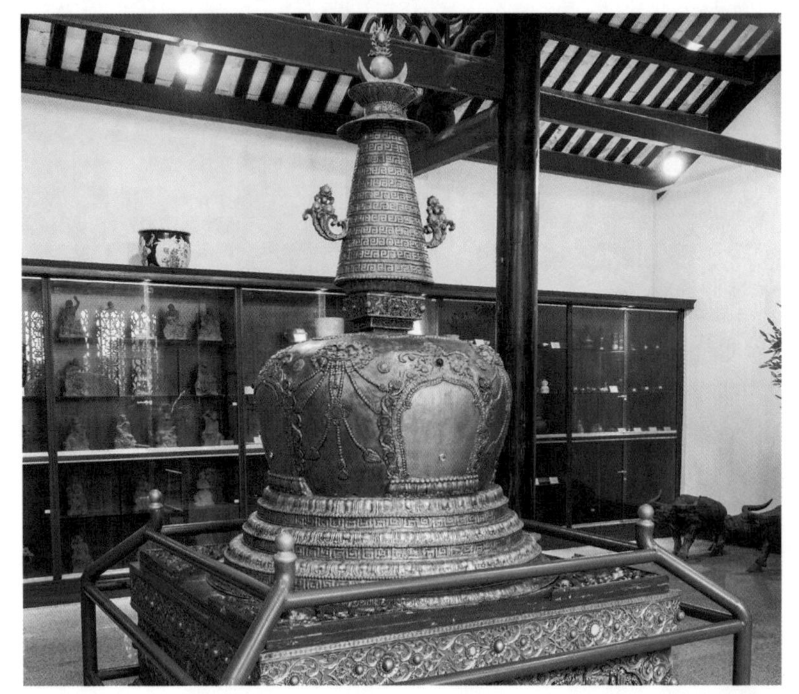

舍利子铜塔

舍利子铜塔（局部）

庆云寺舍利子铜塔，是供奉镇山之宝“舍利子”之处，这个铜塔高3米，最大直径1.4米，塔底碑座呈正方形，宽1.9米。

一般的寺院无塔殿，有塔殿为大丛林的标志之一。“塔”又称“塔波”“提波”“浮屠”，都是梵文音译。它最初的功用是用来藏佛舍利的，称舍利塔。

寺中的“塔院香风”，为鼎湖十景之一。明末清初郑际泰有诗句：“塔影空金界，香风绕法筵。闻尘归寂寞，鼻孔得撩天。”[1]

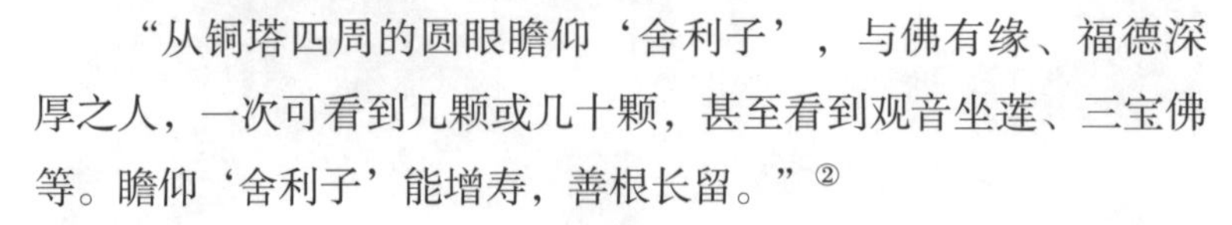

“从铜塔四周的圆眼瞻仰‘舍利子’，与佛有缘、福德深厚之人，一次可看到几颗或几十颗，甚至看到观音坐莲、三宝佛等。瞻仰‘舍利子’能增寿，善根长留。”[2]

① 广东省肇庆星湖编志办编撰，刘明安、张云岭主编：《鼎湖山志》，广州：中山大学出版社，1993年，第18页。

② 广东省肇庆市鼎湖山庆云寺编：《鼎湖山庆云寺》（内部资料），第50页。

毗卢殿

毗卢殿原名叫华藏阁，又叫藏经阁，在大雄宝殿后面。其与成就佛殿、七佛楼、睡佛楼合计面积536.8平方米。殿内中奉毗卢遮那佛，左奉大智文殊师利菩萨，右奉大行普贤菩萨，后奉准提观音。毗卢殿内原藏清代御赐《龙藏经》，“文革”期间，经书全毁。

2021年，庆云寺对毗卢殿天顶瓦面进行大规模的修葺，殿堂内的佛像重新贴上金箔，面貌焕然一新。

毗卢殿（组图）

“龙藏尊经”大柜

“龙藏尊经”大柜，共四个，柚木制作。柜长2米，宽0.8米，高2.32米（柜脚高0.63米，柜通高2.95米）。

「龙藏尊经」大柜（组图）

柜正面有柜门四扇，应用两组铜合页（每组合页三个）直行开关；开柜之铜环（共三个）已毁。柜门有“龙藏尊经”四字，横排，从右至左，楷书，阴刻。柜内分作八横格，每格高度0.32米，层板上用千字文标识。这四个大木柜，原用于存放慈禧太后赐给庆云寺的《龙藏经》。“文革”期间，经书被毁。木柜被寺外一些单位占用，后被取回，现存放于庆云寺毗卢殿内。

修复中的殿堂对联

成就佛殿

毗卢殿左边原有准提阁，供奉成就佛，“文革”后暂作睡佛殿。1991年另造睡佛于睡佛楼正殿。准提阁改为佛母殿。

成就佛

宗堂

毗卢殿右边为宗堂，建于二十世纪二三十年代。供奉开山祖师栖壑和尚曾亲觐的五位师傅：莲池云栖大师、曹溪憨山大师、博山无异大师、法性寄章大师、庆云庵碧崖大师，以及后来的历代庆云寺住持。

睡佛楼

睡佛楼在大雄宝殿后面毗卢殿内，又叫双树堂。

1978年后，国家陆续拨款修葺庆云寺。睡佛楼的释迦牟尼佛卧像重塑（长3.8米，身宽0.7米，头部高1.1米），放回原处供奉。

睡佛（释迦牟尼佛）

睡佛楼还有一尊小佛像（长1.8米，身宽0.5米，头部高0.45米），供奉在睡佛楼内殿。俗称小睡佛。

据庆云寺僧人介绍，这尊睡佛很久之前（具体时间不详）已经在寺里。这尊睡佛像以漆扑工艺制成。2023年重新贴金箔。平时礼拜者众。

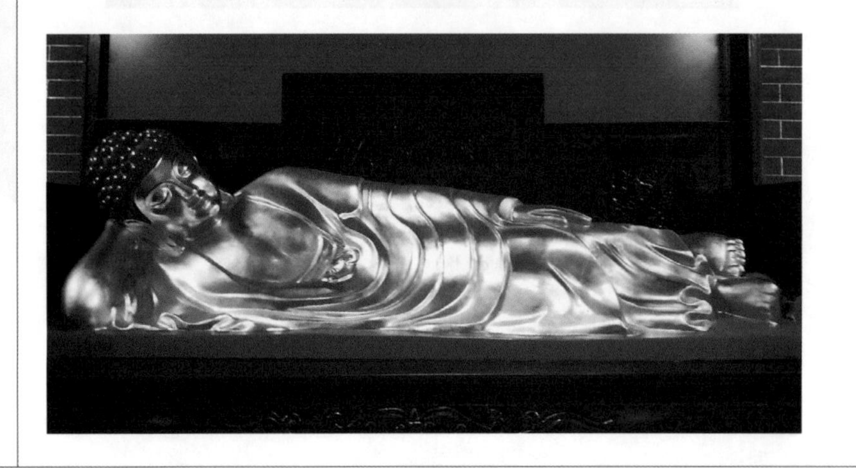

小睡佛

七佛楼

七佛楼在睡佛楼右边。七佛楼供奉释迦牟尼佛、迦叶佛、拘那含佛、拘留孙佛、毗舍婆佛、尸弃佛、毗婆尸佛等七尊佛。

七佛楼中的七佛

佛母殿与阿弥陀佛殿

佛母殿原名准提阁，在大师禅房左边，供奉七俱胝佛母王菩萨。2013年在原准提阁旧址上修，2014年竣工。在佛母殿左边，有阿弥陀佛殿，供奉阿弥陀佛，2013年建，历时一年竣工。佛母殿、阿弥陀佛殿合计面积328.16平方米。

七俱胝佛母王菩萨

佛母殿周围佛像浮雕（组图）

罗汉堂

罗汉堂在七佛楼右边，面积为212.94平方米，建于2003年。供奉阿弥陀佛和五百罗汉。

罗汉堂五百罗汉

藏经楼

藏经楼内景

藏经楼在罗汉堂右边，面积167.5平方米。原为印经寮，于2003年4月重修为藏经楼，两旁设四大经橱，内藏经书。

庆云寺早期的住持栖壑、在犙、迹删等和尚，都是闻名全国的高僧，他们除了营造殿堂庙宇、台阁房舍之外，还非常关心寺院的经文建设。初祖栖壑住持时期，正是庆云寺草创年代，此时的寺院里已经建立了“印经寮”。

栖壑大师重视经藏及文史资料的收集，钱谦益在编辑《憨山大师梦游集》时，便是以此校准编定的四十卷。在二祖弘赞主法的期间，庆云寺刻印了在犙和尚许多有关律宗的著作，对律宗在岭南的传播起了很大的作用。庆云寺子孙后代继承先代遗绪，直至民国期间仍有鼎湖经寮刻印的各种书籍在民间流传。

至1956年，庆云寺印经寮中的2万多块经文印版仍保存完好。

藏经楼内景

所毁其急與所知乎律文具在吾其事在文之名義
于人所難解者而標釋之斯則與所知也乃積精數
年卷成四十今將發梓爲余校訂比經按論義諦無
差私衷慶慰曰此足當震旦之一結集乎佛法其不
逮滅壞乎生佛仔肩其吾在修見乎天下固不於余
目爲宗師更不得于在修氏目爲律師也曾無有不
教不律之宗師豈有不宗不教之律師乎若必分宗
分律分教必其爲宗律教非如來之宗律教者矣今
天下號爲宗律教師者盍宜知返讀切在此校成書
之爲跋　　鼎湖經寮梓

●《要本说一切有部苾蒭尼毗奈耶卷》（组图）

如今藏经楼的经藏也十分丰富，保存御赐的《龙藏经》5048卷、《释迦应化事迹全图》以及各种版本之经书4080卷。另外，还存有《禅门日》《水忏》《地藏经》《鼎湖山志》《憨山大师梦游集》等经书、志书，都是由庆云寺印经寮自行印制的，印刷质量很好。

由庆云寺的“鼎湖经寮”印刷的《鼎湖外集》刻本（通长23.27厘米，通宽14.58厘米，厚0.95厘米），该书现存仅一册，为肇庆市端州图书馆藏，由原高要县立中学于民国二十二年（1933）购置存留至今。该书是［清］释开沩辑。内文辑录了清初珠江三角洲各地官员、僧佛、士子奇况，内容涉及肇庆、珠江三角洲的各种动态和著述，文献学术价值较高。这册书被录入《肇庆市第一次全国可移动文物普查文物精品图录肇府藏珍》[①]，为市级可移动文物，充分显示了该书籍的文物价值和庆云寺的“鼎湖经寮”精湛的刻印技术。

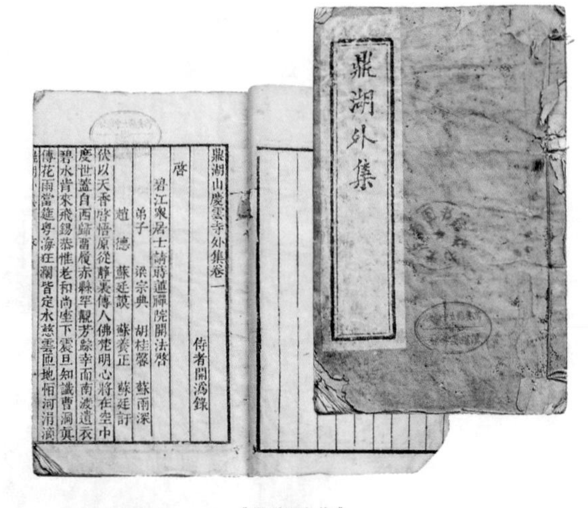
鼎湖山慶雲寺外集卷一　　侍者開沩錄
啓
碧江衆居士請蔣道禪院開法啓
弟子　梁宗典　胡桂馨　蘇爾深
趙德　蘇廷謨　蘇養正　蘇廷訏
伏以天香啓悟原從靜裏傳人佛覺明心將在空中
慶世蓋自西歸畱履赤縣罕覩芳踪幸而南渡遺衣
碧水背來飛錫恭惟老和尚坐下震旦知識曹洞真
傳花雨當進粵海狂瀾皆定水慈雲匝地恒河涓滴

●《鼎湖外集》

① 林洁主编：《肇庆市第一次全国可移动文物普查文物精品图录肇府藏珍》，世界图书出版广东有限公司，2017年，第357页。

“文革”结束后，庆云寺在各级民族宗教主管部门的大力帮助下，积极收集购置经书佛图。特别是从1980年后陆续购置各种书籍，存于寺内藏经楼的二楼。

《龙藏经》

《龙藏经》原是清光绪十九年（1893）慈禧太后六十寿辰赐给上京祝寿的庆云寺僧人，时由献纯大师和第五十二代住持隆敬谦善大师及三寮（云房、客房、库房）的大师领回。“文革”时被焚毁。现在这套《龙藏经》是1980年重购（中国书店影印精装版），共168册。《龙藏经》又称《龙藏》，是宫廷之内的珍藏，正名《大藏经》，唐代称《一切经》，是用汉语写的佛教经典之总汇。它包括了印度和中国佛教的译文和著作，很早就为我国佛教所推崇。《大藏经》分经、律、论三藏，由南北朝到中唐共1076部5048卷，是研究古代印度和中国的历史、地理、科学、医学、文艺各方面的宝库，列为广东省珍贵历史文物。

《影印宋碛砂藏经》

现在，在庆云寺的珍藏经书中，最引人注目的是1981年庆云寺购回的一套《影印宋碛砂藏经》，共5048卷。每本规格为长27厘米、宽15厘米，宣纸铜版印刷，“每十册用一蓝色布面书函套装”[①]，系民国时翻印的宋代版本《大藏经》，扉页有“上海印

●《影印宋碛砂藏经》

① 仇江等编撰：《新修鼎湖山庆云寺志》，广州：中山大学出版社，2018年，第224页。

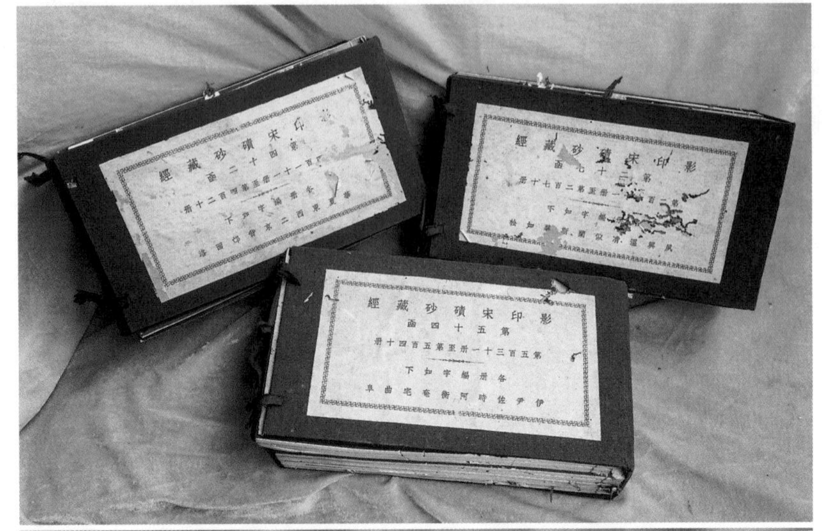

●《影印宋碛砂藏经》（组图）

宋版藏经会印行”字样。据说此书籍广东只有两套，另一套为潮州开元寺收藏。

事实上，《碛砂版大藏经》其实就是《大藏经》的另外一种版本，为南宋时期私刻最后一种《大藏经》。据清康熙《苏州府志》卷三十九介绍，由于刻版地点在平江府陈湖中碛砂洲延圣院（现在江苏省吴中区境内），后来改名碛砂禅寺，因而统称这部藏经为《碛砂版》或《碛砂藏》。

●《紫柏尊者全集》及内文插图

庆云寺还藏有《金刚经》《紫柏尊者全集》《六祖坛经》《须弥山图》《金刚经塔图》《二十四诸天菩萨图》《三界次第安立之图》和新编《嘉兴藏》等。

●《金刚经塔图》

●《三界次第安立之图》

观音殿

观音殿全景

观音殿，又称塔殿或浮屠殿。在毗卢殿后面，位于庆云寺建筑中线之上，面积226.4平方米。观音殿以及周围相邻的殿堂建筑风格与大雄宝殿的风格基本一致，但观音殿瓦面主梁上的装饰浮雕别具一格，和谐自然。

庆云寺开山建莲花庵就是在观音殿这个位置。殿内于清顺治十四年（1657）由栖壑建塔，把在明崇祯四年（1631）从憨山大师的门人道独宗宝和尚手上得到的四颗舍利子藏于塔下，后请出供奉于法堂内。

庆云寺观音殿瓦顶脊梁装饰（左右对称）

观音殿左侧外墙浮雕装饰画（左）和观音殿前右侧墙头装饰浮雕（右）

庆云寺观音殿瓦顶脊梁装饰（左右对称）

观音殿瓦面

殿内供奉千手千眼观音、药师佛、地藏王。

千手千眼观音是观世音菩萨的化身之一。庆云寺的千手千眼观音像，以42只手象征千手。千手千眼观音像前有一座由“七层玉石”造成的玉塔，高4.6米，塔底座为正方形，长、宽各0.8米，于1981年供奉。千手千眼观音像前还有一对油灯，灯身高0.63米，底座为正方形，长、宽各0.29米，造型经典别致。

千手千眼观音像

药师佛像（左）和地藏王像（右）

在观音殿广场法堂前方，有一个宝镜墙，镜窗两侧有对联："世界观身外，楼台落镜中。"在宝镜前有三个铁质香炉，其中一个阳刻"庆云寺"三字，字体厚重，工整有力。每个香炉长1.3米、宽0.7米、高1.08米，由高要铸造厂白土铸造公司于1992年铸造。

千手千眼观音前玉塔（左）和宝镜（右上）、香炉（右下）

寺内年份最久远的地板石

观音殿现景

观音殿前走廊通道所铺砌的“老”石板，石块尺寸不一，最大的长1.2米、宽1米，最小的长0.6米、宽0.45米，是庆云寺内年份最久远的地板石。据介绍，观音殿就是开山建莲花庵的地方，通道所铺砌的石板，由于石质坚硬耐磨而一直没有拆掉更换，这些石板是用鼎湖山坑中裸露的石头开凿而成，色泽自然古朴，是最佳的铺路石材。

这个塔殿几经重修，最近一次是在1998年，塔殿及殿前广场进行全面重修。

观音开库

庆云寺在每年的农历正月二十五晚十一点起至次日，举行一年一度的观音开库活动，每年都吸引了数千市民游客前往祈福，求保佑平安。这一

观音开库

观音开库，又叫观音借库日。就是观音庙里大开“金库”助民。据传某年正月二十六日子时，五百护法罗汉为考验观音，化为五百和尚去观音庙化缘，观音慈悲为怀，大开仓库，满足他们所需。百姓闻之，也纷至沓来，穷苦百姓从此解困。此后，百姓约定此日为观音开库日。

庆云寺观音开库场景（组图）

天，来自全国各地，特别是广东南（海）、番（禺）、顺（德）的香客较多，求多福多财，求平安稳定。

西方三圣佛像

西方三圣殿

西方三圣殿又称净业堂，在观音殿左边，1991年重修，面积153.1平方米。供奉阿弥陀佛、观世音菩萨、大势至菩萨。三佛中间有一副对联："西方绿竹千年秀，南海红莲九品香。"西方三圣殿内还有一批造型相对较小（长0.3米、宽0.35米、高1.2米）的佛像，造型端庄。

西方三圣为净土宗所尊崇，系阿弥陀佛、观世音菩萨与大势至菩萨。

东方三圣为密宗所尊崇，系药师佛、日光菩萨与月光菩萨。

西方三圣殿内景

茶花树

在庆云寺西方三圣殿前，种有一棵白茶花树。此茶花树为庆云寺开山第二代祖师在犙和尚于1635年左右，初建莲花庵时手植。至今已有三百八十多年树龄，这棵茶花树在庆云寺一直得到重点保护。

清咸丰十年（1860）和民国五年（1916），庆云寺曾两度遭遇火灾，白茶花树也被火海吞噬。然而不久后，在树头的地方，老树竟长出新芽来，涅槃重生，堪称奇迹，庆云寺的僧人都说这棵树灵气满盈。这棵三百八十多岁的白茶花树，虽然主干已经日渐枯干，但主干的侧枝却生长得十分茂盛，冬天里白茶

● 2022年冬天的白茶花树

● 2022年冬天的白茶花（组图）

花依然凌风绽放。

● 冬天前的白茶花树

“1985年对庆云寺二代祖师在惨和尚手植的白茶花，星湖管理处请来华南农业大学植物生理、植物保护、土壤等专家教授到现场观察分析，采取抢救复壮措施后，使这株白茶花长势变好，但由于树龄太老，很难复壮，至去年主干已干枯，只有侧分枝长势良好，仍长出白花朵朵。”①

白茶花已经成为庆云寺目前较具历史价值的植物之一。每年秋冬季节孕育花蕾，冬末春初白花盛开，清丽端庄，为庆云寺增辉不少。鼎湖山庆云寺的这棵白茶花树已经被载入《广东森林》一书，被列为全省珍贵古树名木。

① 广东省肇庆星湖编志办编撰，刘明安、张云岭主编：《鼎湖山志》，广州：中山大学出版社，1993年，第93页。

● 初代祖像　　● 二代祖像

祖师殿

祖师殿为“供奉庆云寺近几十年除住持外其他的圆寂大师的牌位，包括灵溪大师、臻微大师、净昙大师、愿空大师、机智大师、康年大师、波禅大师、童真大师、深妙大师、意觉大师、浩然大师、度修大师、日明大师、雪峰大师、能善大师、文庄大师、兴觉大师、利禅大师、果修大师、性觉大师、荣果大师”[①]的地方。庆云寺的初代祖和二代祖各有殿堂，殿堂分别供奉庆云寺初代祖栖壑和尚和二代祖在糁和尚。

● 庆云寺祖师殿瓦顶脊梁浮雕装饰

① 仇江等编撰：《新修鼎湖山庆云寺志》，广州：中山大学出版社，2018年，第30页。

● 庆云寺祖师殿瓦顶脊梁浮雕装饰（组图）

据史料记载，唐代的寺庙中已有影堂（殿堂）的设置。庆云寺初代祖影堂（祖师殿）在观音殿右面位置，二代祖影堂（二代祖殿）在西方三圣殿左面位置。二代祖影堂（殿堂）于1991年重修。

讲经堂座椅

在初代祖殿右边为法堂，历代住持在此向僧众讲经。

重修法堂碑記

● 重修法堂碑记

在堂中放置平南王赠给栖壑和尚的座椅。这把座椅有一段传奇的历史故事：当年（1657），平南王请栖壑和尚到广州做法事，超度两王提师入粤时惨遭杀戮的群众。事后，平南王赐王座给栖壑为法座，殷礼有加。

据广东省肇庆市鼎湖山庆云寺编的《鼎湖山庆云寺》一书载述：“尚可喜（1604—1676），辽东（今辽宁省海域）人，明崇祯初任副总兵，崇祯七年（1634），继孔有德、耿仲明之后投降清朝，受封为智顺王。次年，尚可喜随清兵入关，举兵南下，镇压农民起义军，大肆残杀无辜，博得清政府的赏识。顺治六年（1649），尚可喜被封为平南王，驻守广州，不久即染病卧床不起，整天昏昏沉沉，梦见冤鬼游魂。后来，他听说肇庆鼎湖山庆云寺很灵验，于是几次派员上山邀请栖壑和尚到广州举行无遮法会，超度死者，尚可喜因栖壑和尚开导而得以全（痊）愈。尚可喜病愈后，曾特派专员上山为其烧香还愿，同时将为自己特制的王座（椅）送给栖壑和尚作法座。”①

● 平南王大法座

《肇庆文物志》（1987年版）中也有记载：庆云寺初代祖栖

① 广东省肇庆市鼎湖山庆云寺编：《鼎湖山庆云寺》（内部资料），第39—40页。

鋆法师曾先后受邀到广州长寿寺等寺院说法，声名大振。

据庆云寺僧人介绍，平时此椅子一直存放在寺内佛堂，并有专人保洁。三百多年来只有八十五位新任住持及到庆云寺讲经说法的法师坐过此椅，可谓尊贵无比。

此法椅的材质为酸枝（另一说法是黑檀），座位深度0.73米，连背通高1.13米，扶手处高0.36米，椅座宽0.92米，而正常椅宽为0.6米左右。三百多年来，尽管庆云寺历经起伏波折，这张颇为尊贵的法座椅始终得以保存。由于此椅附带着厚重的历史文化因素，如今已成为珍贵的历史文物，是庆云寺历史的见证。

旃檀林

在地藏殿右边，集众缘而建成，供奉先人及历代祖先牌位。

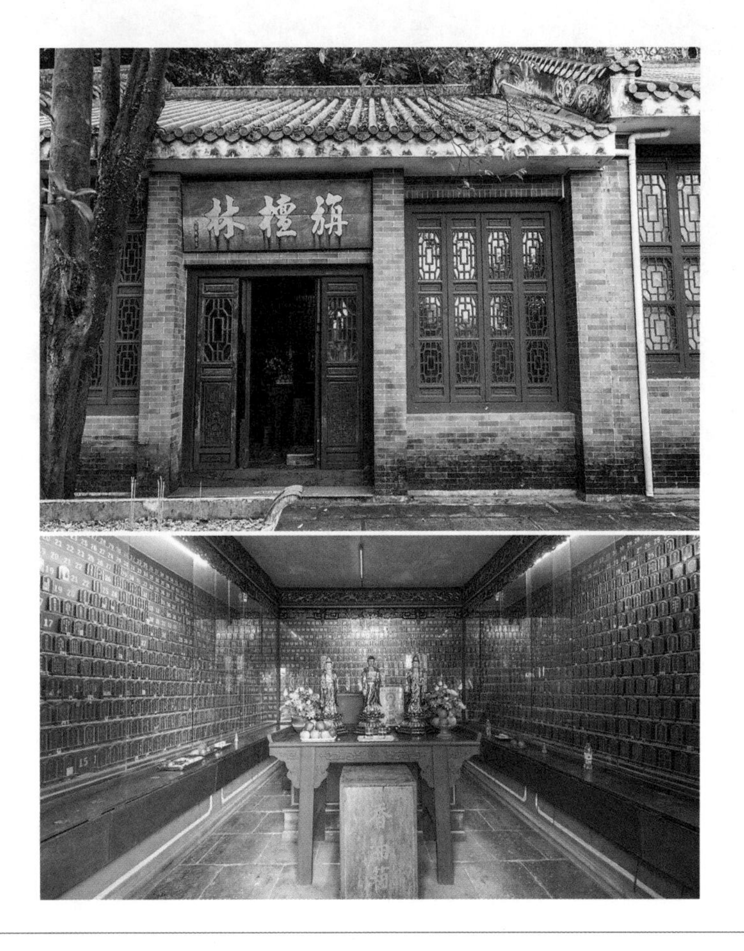

旃檀林外观及内堂（组图）

庆云寺的佛教法事

庆云寺的重要法事日，除了一年四节的结夏（农历四月十六日）、解制（农历七月十五日）、冬至、农历正月初一，在“节腊”中有规定的法事日外，较具特色的是有关观音的四个法事日：

正月二十六日，观音菩萨开库。

二月十九日，观音菩萨诞生纪念日。

六月十九日，观音菩萨成道纪念日。

九月十九日，观音菩萨涅槃纪念日。

庆云寺观音开库场景

每当有关观音的节日，进香者甚众，其中尤以农历九月九日重阳至九月十九日观音涅槃纪念日为盛，进香者达数万人。

除有关观音的四个节日外，一年一度的阿弥陀佛诞，即农历十一月十七日，也是庆云寺的佛教节日。

庆云寺的法事主要有大悲忏、大供天与大焰口，是根据施主要求而举行的佛教仪式。

庆云寺观音开库场景

如有施主要求做大供天，则在早课之前先举行供天仪式，庆云寺晨钟就会提前于凌晨二时响起。

大焰口是根据《救拔焰口饿鬼陀罗尼经》举行的一种佛教仪式。

庆云寺放焰口在下午六时开始，做三个小时。参与者为：住持一人做“证明”，代表四大部洲四人，扮地藏菩萨一人，侍者二人，焰口七人，钟鼓一人，香灯两人，共十八人。而做小焰口只需要五个僧人，另香灯、钟鼓各一人，共七人。

当时，庆云寺对外来的信众，派发一些拜祭先人的“纸符”，也称“路票”，全称“西方接引明途路票”，白布三尺长，印有金童玉女及咒语。在拜祭先人时，把“路票”烧成灰烬，寄托哀思。

『西方接引明途路票』纸符

职事榜

庆云寺的开山住持栖壑和尚善于从寺庙日常僧人管理及法物管理出发，巩固和提高庆云寺的佛门地位。于是，把寺内众僧各岗位职责明确并予以出榜公示，此为“职事榜”。庆云寺“职事榜”制度就在开山住持栖壑和尚在任时开始形成。

从明崇祯九年（1636）起，庆云寺的初代祖师栖壑和尚就为庆云寺立下了“职事榜”，实行严格管理，明确分工。职事安排，是丛林规矩中不可缺少的一项内容。从职事榜中，可见庆云寺的僧人管理制度是按照朝廷的管理规仪，结合寺院的规模而设立的，具有一定的合理性。

職事榜

西序：首座 西堂 教授 書記 知藏 知客 知客 知衆 知浴 知浴 知浴 知浴 知殿 聖侍 祖侍 侍者

東序：都寺 監寺 維那 副寺 副寺 典座 糾察 值歲 悦衆 堂主 堂主 司經 寮元 院主

列職：清衆 清衆 淨衆 書狀 化主 飯頭 貼庫 貼案 買辦 雜務 磨頭 茶頭 行堂 菜頭 火頭 碗頭 園頭 柴頭 米頭 桶頭 浴頭

路燈 香燈 香燈 香燈 香燈 香燈 知山 巡照 巡照 侍病 司鐘 司鼓 司茶 司門 司船 洒掃 司羅 行者 由子 耆舊

崇禎丙子住持棲壑道人立

手写职事榜

佛教自东汉永平十年（67）传入中国后，直到后秦（384—417）其寺院的管理制度才逐渐形成。但当时僧侣并不多，只是到了唐朝，特别是武则天表彰了六祖惠能弘扬佛法的功绩之后，寺院的僧职才得以大幅度增多。

现时寺院管理制度

“庆云寺从1636年由

栖壑道丘传下来的曹洞宗法脉，至2008年念果永明示寂，经历了曹洞宗博山法系的‘传法偈’中由‘道’至‘寿’十七世，延递了372年。其中一共产生过八十五代住持。”①

根据史料记载和现有事实，庆云寺从1636年开山创建至今已历经八十六代主僧，都是以“住持”这个称呼来掌管寺院，践行实施“职事榜”制度。

方丈

方丈是由政府任命的、有官方背景的一寺之主，其身份地位与住持是有很大差别的。方丈必须是上规模的寺庙群才能有，方丈可以兼任多个寺庙的职务。现实中，一个寺庙只有一个住持，而方丈则是可以在多个寺庙里任职。

庆云寺有个方丈室，在讲经堂右边，是庆云寺住持和尚居住的地方。

> **方丈**
>
> “方丈”一词出自《维摩诘经》：“维摩诘居士，其卧室一丈见方，但能广容大众。”后来，人们逐渐以室名为代称，将“方丈”作为对禅林住持或师父的尊称。在佛教中，方丈本为禅寺的长老或住持所居之处。

住持

据丁福保编纂的《佛学大辞典》介绍：住持“安住于世而保持法也”② “一寺之主僧名住持”③。又作住持职，是掌管一个寺院的主僧。

在寺院，住持在一日中之种种行持，称为“住持日用”。另于《禅林象器笺》卷六所载，住持之职责，则概括为说法、安众、修造三大项。住持下分两大指挥系统，称为“两序”。

> **住持**
>
> 住持是由寺僧民主推荐产生的当家和尚，一个寺庙只有一个住持，而只要有寺庙就有住持。住持不能兼职于多个寺庙。在称谓上，前任住持称“前住”，现任住持称“现住”，未来住持称“后住”，已逝者称“故住”。

“两序”，分西序和东序，指负责僧职，被称为“三纳”的上座、寺主和维那（或上座、维那和典座），他们是实权者，是专门研究和推行佛学的人，包括执行法事者。

“西序”六头首及其主要职责：首座，又称上座、座主，在中国一些大的寺院分前堂首座和后堂首座来统领全寺僧众；书记，又称文书，专门负责文翰事务，凡山门榜疏、书间祈祝祷词语写；知藏，又称藏主，或称经堂藏主，寺院的经典文献均归其

① 仇江等编撰：《新修鼎湖山庆云寺志》，广州：中山大学出版社，2018年，第50页。

②③ 丁福保编纂：《佛学大辞典》，北京：文物出版社，1984年，第595页。

管理；知客，又称典客、典宾，专司接待官员、施主等来客；知浴，又称浴主，负责僧众沐浴事宜，如挂浴牌、挂手巾、出面盆、摆拖鞋、放脚布等；知殿，又称殿主，专门负责佛殿佛堂之香灯及清洁等事宜。

"东序"六知事及其主要职责：都寺，又称都总、都监，负责统辖全寺事务，对整个寺院的管理和运作负有监督和指导的责任，并负有"上辅住持，下助监院"之责任；监寺，又称寺监、监院，俗称"当家"，负责监督全寺事务，确保寺院的各项规定和制度得到贯彻执行；副寺，主要负责管理寺院的财务、总务，协助监院管理寺院的经济事务；维那，又称悦众、寺护，掌管僧众威仪，负责监督僧侣的行为举止是否符合佛教的仪规；典座，又称座元、寮首座，负责寺院的饮食安排，确保僧侣的饮食需求得到满足；直岁，又称侍岁，负责寺院的营缮和耕作，包括建筑维修和农业生产等方面的工作。

监院

现在的庆云寺设有"监院"，俗称"当家"这一职务。现任监院为释仲贤和尚。

关于寺主，是汉朝佛教初传中国时各寺院所设的僧职，因当时各地寺院较小，所以设寺主一职，意为主持一寺之事务者。

1984年，庆云寺接受了肇庆市文物工作者谢子熊先生献交的"职事榜"书法全文（该榜原挂在寺壁上，由栖壑和尚亲自订立，"文革"被毁，谢子熊先生于"文革"前已全文抄录）。有历史学者考证：这个"职事榜"，是明末清初庆云寺创建不久就成为大丛林的有力佐证。

综上所述，肇庆庆云寺的职事榜制度，是当今研究佛教寺院管理制度的珍贵历史资料之一。

监院

监院是总领众僧的职称，为一寺之监督，即负责协助方丈或监管寺院之事务，有权指挥一切行政事宜。古称监寺、院主、主首、寺主，后为特尊住持而改称此名，俗名当家。

禅、净、律三宗俱善

鼎湖山庆云寺为何素有"禅、净、律三宗俱善"之盛名。

在一个寺院“禅、净、律三宗”并存，在当时的国内寺院十分罕见。在一机圆捷《开山主法栖老和尚行状》中记述：“师（栖壑）乃力弘博山之道，更严净毗尼，复设净业堂，弘云栖法要，禅、净、律三教并行。自有佛法以来，未有如吾师之兼善者也。”①

清朝康熙高凉郡守吴柯（字丹山）对鼎湖山“禅、净、律三宗”的并存，感到奇特，他在《鼎湖山志》的《补山亭记》一文中评述道：“亭既成，颜曰‘补山’，表曰‘宗律名山’。盖以宇内名山之有佛者，宗律两歧，鲜能兼而一之，诚缺事也。鼎湖不惟一之，且兼净业焉。”②

鼎湖山庆云寺是一个较为典型的禅寺。建寺之初，庆云寺高僧为整顿僧团、团结信众，初代祖栖壑和尚制定寺院清规，立规定矩，建坛授戒。

二代祖在犙和尚专意从事佛教戒律学，在律学的普及与理论研究上颇有建树，影响最大。由于初代祖、二代祖师承背景的特殊及信众的来源广泛和纯洁，庆云寺的禅、净、律兼修成为优秀的传统，影响着庆云寺历代高僧的个人修持和僧团管理。在佛学史上，鼎湖山庆云寺的戒律学在岭南地位极高，在全国及海外也备受推崇。

一直以来，庆云寺以禅宗作为正宗之本，兼修净土宗和律宗。从庆云寺始祖栖壑开始，历代住持多数归属禅宗南宗的曹洞宗下洞上正宗博山系，上溯首建白云寺和三十六招提的智常禅师更是亲得六祖惠能面授妙旨的“一方师”。净土宗亦称“莲宗”，是专修往生阿弥陀净土，即西方极乐世界的法门。律宗是研习、修持、传授戒律的宗派，讲求戒律

“禅、净、律”三宗

禅宗是中国佛教宗派之一，主张修习禅定，故名。又因以参究的方法，彻见心性的本源为主旨，亦称佛心宗。

净土宗是中国佛教宗派之一，因专修往生阿弥陀佛净土法门，故名。因其始祖慧远曾在庐山建立莲社提倡往生净土，故又称莲宗。

律宗是中国佛教宗派之一，因注重研习及传持戒律而得名。律宗的教理分为戒法、戒体、戒行、戒相四科。

① ［清］释成鹫编撰，李福标、仇江点校：《鼎湖山志》，广州：广东教育出版社，2015年，第36页。

② ［清］释成鹫编撰，李福标、仇江点校：《鼎湖山志》，广州：广东教育出版社，2015年，第142页。

精严。这种三宗齐修是庆云寺从开山以来一直传承的传统。

栖壑和尚在庆云寺的施法过程，佛教经典时多有述及，且给予很高的评价。“道丘（1586—1658）开山鼎湖，其法系在惨弘赞、迹删成鹫等，皆一时名德。”[①]

庆云寺的佛教历史源流，可以追溯至唐初。禅宗六祖惠能是影响较大的禅宗创始人之一。禅宗后来分成五个宗派，即临生地在邻县新兴，希迁高僧则为高要（本地）人。六祖惠能是临济、沩仰、曹洞、云门、法眼，其中曹洞、云门、法眼三家法门皆源于希迁。禅宗先后二巨擘的生前活动，实开创了本地佛教流派的先河。事实上，后来创立的庆云寺所遵行的佛学，亦奉惠能、希迁为正宗。

庆云寺内石质莲花形护栏

按法嗣世系看，鼎湖山历代住持属禅宗六祖高徒青原行思属下石头和尚嗣孙，曹洞宗创始人洞山良价嫡传洞上正宗，以博山无异和尚为初祖的博山法派。栖壑和尚系石头和尚希迁第三十五世孙、博山无异和尚嗣法门人，所以有“博山钟鼓”一说。

栖壑和尚订下了“僧约十章”“不置田产约”和“职事榜”等。“僧约十章”非常严格，僧众稍有差池，就要被摈出寺门。例如饮食不甘淡薄，受戒多年不知戒相。

① 中国佛教协会编：《中国佛教（第二辑）》，北京：知识出版社，1982年。

栖壑和尚为维护佛制，于顺治六年（1649）订立了“不置田产约”。鉴于庆云寺食口日繁，不少人募捐钱财，想为庆云寺购置田产。但栖壑和尚严正谢绝，他指出庆云寺开山以来，就没有田产，所需供给皆籍十方，从无储集，但日用不亏，如果违反佛制，即使富积千仓，也必遭世人唾骂，而导致寺院毁灭。田地之外的其他产业，栖壑亦严加禁止置办。

从我国佛教寺院传统来看，各寺院都拥有自己的独立经济体系，置田是其中之一。明、清两代，寺院经济有增无减。在这种背景下，栖壑和尚立下如是规定，令人感叹，这也是庆云寺一鲜明特色。

虽然“两宗”旨趣大相径庭，但唯其如此，博二家之长，再依据律宗法度而制定各种戒律和受戒仪式，就必然为更多的信徒所接受。所以，鼎湖山庆云寺的僧人至今仍遵从之，故云“云栖法规”。

庆云寺香火历久不衰，这是其中一个重要的原因。庆云寺僧众历代奉行的“博山钟鼓，云栖法规”[①] 及“禅、净、律三宗俱善”，其意义也就在于此。

---

① ［清］释成鹫编撰，李福标、仇江点校：《鼎湖山志·前言》，广州：广东教育出版社，2015年，第2页。

鼎湖戒

鼎湖山庆云寺初代祖栖壑道丘和二代祖在惨弘赞都是中国佛教史上有名的戒律厘定者。

戒律

戒律是防非止恶之义，指佛门弟子必须遵守的规则和戒律。佛门弟子的修行可以概括为："戒、定、慧"，即：防非止恶、息虑静缘、破惑证真。

岭南佛学历史上的"鼎湖戒"，是指鼎湖山庆云寺在僧团组织上的清规戒律（俗人称规章制度）。而曾经一度影响岭南佛教界的"鼎湖戒"，并非凭空飞来之物，早在三国时代，中国就有佛教戒律。"鼎湖戒"亦并非只在鼎湖山一地、庆云寺一寺传授，而是以鼎湖山为中心，向岭南各地寺院辐射、流布。

"鼎湖戒"，这个提法最早出现在霍宗《第二代在犙和尚传》："师（南海麻奢乡有居士陈公孺）往来两山（宝象林与庆云寺），所成就者甚众。岭海之间，以得鼎湖戒为重。"①

栖壑和尚于清顺治十五年（1658）圆寂后，在犙和尚住持庆云寺，更承继栖壑和尚衣钵，将律学发扬光大。在此后几百年间，庆云寺诸住持及高僧大德一直弘扬律学，使之成为庆云寺的优秀传统，逐渐形成一个渲染力极强的"鼎湖戒"现象。

据清释成鹫的《鼎湖山志》卷五所记载，鼎湖高僧教化及其传戒活动，遍及番禺、英德、广州、乳源、高要、西宁（今广东郁南县）、博罗、韶州（今广东韶关）、阳江、新兴、广西，甚至北京等地。

"岭海之间，以鼎湖戒为重"是最客观的评价。所有这些历史，充分说明：一直以来，佛教在肇庆兴起与传播的力度、广度和深度，在佛教历史上，有着重要的地位和作用。

---

① ［清］释成鹫编撰，李福标、仇江点校：《鼎湖山志》，广州：广东教育出版社，2015年，第48页。

安居布萨（持戒）

庆云寺的安居布萨（布萨是梵文意译净住、善宿、长养等。属佛教僧团的持戒行为），是根据古印度的历法来安排，是庆云寺内部遵守的佛制，寺外俗人可能十分陌生。按照这套历法，其内容可以这样理解：自中国农历腊月十六日至四月望日（十五日）是春时，四月十六日至八月望日是夏时，八月十六日至腊月望日是冬时。冬期开始于十月初一日，正月十五日结束。夏期开始于四月十六日，至七月十五日，为前安居。开始于五月十六日，至八月十五日，为后安居。布萨在前半月之望，为白月十五日。布萨在后半月之晦（月末日），为黑月十五日。大体上一年有三“时”，一“时”有四个月，僧腊一周，就是一年。至于每年的国家庆典、民间节令，则是遵照中国的农历。僧家、世俗的纪年历法，可以分别遵照并不相矛盾。

每月的望、晦日，必然遵照佛制，早晨念戒经，午后举行布萨，然后到护法堂前依戒牌禀告神。每逢结制之期，一定安居三月，至解制自恣，才允许外出。这些规矩，都是由庆云寺初代祖栖壑道丘制定并公布，在庆云寺实施了三百多年。

庆云寺僧人早晚课诵与参禅，每个环节的仪式感十分强，动作划一，唱诵同调。

庆云寺的日常课诵与参禅制度，是“云栖法规”之一：晨昏课诵，不得失时偷懒。

课诵是寺院定时念持经咒，礼拜三宝和梵呗歌赞等法事，因其冀获功德于念诵准则之中，所以也叫功课，分早课与晚课，其起始为晨钟暮鼓。

早课

每天早晨四时半，钟声响起，节奏起三收四，打一百零八下。跟着是鼓声，亦起三收四，打三轮八分钟。紧接着禅堂开静，钟板起三收四，打三轮共二十一下。全寺僧众集中大雄宝殿，开始上早课。

唱诵经文

全体僧人在鼓声、钟板声配合下，先诵阿难赞佛发愿偈十八句。然后诵《大佛顶首楞严神咒》。唱诵后，由和尚领头，信众尾随，念佛号起行，绕佛三周。归位后称三菩萨，早课正文结束。整个仪式约需四十分钟。遇有法事，则晨钟提前在凌晨三时开始，随早课一起做法事。

晚课

下午三时半，禅堂打钟板开静，僧众集中大雄宝殿上晚课。全体僧人在鼓声、钟板声配合下，首诵《佛说阿弥陀经》，然后附诵《拔一切业障根本得生净土陀罗尼经》（即《往生咒》）三遍。唱诵后，亦由和尚领头，信众尾随，念佛号起行，绕佛三周。归位后称三菩萨，晚课正文结束。然后普结回向，引磬跪白“十方三世佛”等《大悲菩萨发愿偈》，接着是《警策大众偈》和《普贤警众偈》。意思是警策僧众应当与日精进，不可稍有松懈，最后也与早课一样，以三皈依告竣。整个仪式需两个小时。

南音唱经

南音唱经，是岭南古刹庆云寺的特色之一。所谓“南音唱经”，就是用广东白话（广府粤语）念经文，又称“南调法事”。

实际上，念诵的内容与用“旧官话”、普通话或其他方言的法事活动并无不同。

自古以来，南方众多地区分别使用各自的方言，形成“十里不同音”的局面。在广东，除潮汕地区之外，许多地方用广东白话诵经是很普遍，很正常的。由于音调互有不同，南音法事中还有“鼎湖派”与“广府派”之分。以当地白话诵经，能保持唱诵合拍一致，容易被当地普通信众明白、掌握和接受。

庆云寺早在乾隆年间就变成“子孙丛林”，附近地方投身佛门的僧众，大多数是讲白话。所以，庆云寺长期以来都是用“鼎湖派白话”来从事法事活动的。20世纪80年代之后，普通话在广

东城乡逐步普及，寺院念诵也多改用普通话。“鼎湖派”除了庆云寺之外，仍用南音唱诵的已经很少，坚持用“鼎湖派白话”念诵经文，已经成为庆云寺法事念诵的特色。

20世纪90年代初庆云寺释荣果和尚，用心传授传统的佛教南腔调，成效显著。释荣果和尚“能全面承传鼎湖腔板，是正统的南腔唱调”[①]。

时至今日，十方僧众都可以进住庆云寺，但他们也需要跟随庆云寺的传统，学习掌握“南音腔调”，并用来进行法事念诵，以保持庆云寺“鼎湖派”的腔调特色。

参禅

庆云寺初创时，按照佛制，有“过午不食”的戒律，认为有助于参禅，但此戒后来在我国禅宗寺院中一般已开戒，晚饭叫“药食”或“房餐”。而庆云寺则叫“偷饭食”。据传在初代祖时，一禅师参禅打坐“出定”，让灵魂走出身体，替其他禅师到伙房偷饭食。此事为初代祖所觉，遂为定例。

晚饭后的六时半，鼓声响起，节奏起三收四。打三轮八分钟。跟着是钟声，亦起三收四，打一百零八下。此即所谓“晨钟暮鼓”：晨是钟声先响，暮是鼓声先响。当钟声打到一百零四下时，禅堂跟着起钟板。钟板起三下与钟声收四下交替。

更鼓收时，禅堂开静。若有法事，钟板过后大雄宝殿起鼓。若无法事，钟板过后全体僧人即需在各自房内参禅打坐，只有客堂堂主可到处行走巡查。僧人最少要参禅打坐半小时方可下床走动。走动一刻钟，继续参禅。如是三次，直至入睡。

为了提高庆云寺僧人参禅的质量，栖壑和尚创作了《五更诰》《上堂法语》《晚参法语》《坐禅铭》《念佛铭》《示禅人请益》。迹删和尚更创作了一本《僧铎》，包括禅堂提唱、老堂提唱、病僧提唱、驱鸟提唱、五更提唱五个部分，分别适合于外寺安单僧人、老年僧人、有病僧人、小沙弥、一般僧人在参禅时默唱。

① 仇江等编撰：《新修鼎湖山庆云寺志》，广州：中山大学出版社，2018年，第148页。

更鼓

古时候，把一夜平均分为若干更，每更又平均分为五点，整更击鼓，逢点鸣钟。一更对应现代时间晚上七时至九时，二更对应现代时间晚上九时至十一时，三更对应现代时间晚上十一时至凌晨一时，四更对应现代时间凌晨一时至凌晨三时，五更对应现代时间凌晨三时至凌晨五时。

鼎湖山庆云寺编写的《鼎湖山庆云寺》有这样的载述：从前，有一位风水先生经过鼎湖山，就自言自语说道："这地方好风水。山势恰好似大猴追小猴，代代出王侯。"[①]这段话被放牛的孩子听见，就很快传开了。当时，鼎湖山坑都是没有水的，据说因为猴子不需要水。过了许多年，又一位风水先生经过鼎湖山，听人传诵这里山势恰好似大猴追小猴，代代出王侯。他认真观望山势的走向后，不禁脱口而说："哪是大猴追细猴，代代出王侯呀？不对！是大象追小象，代代出和尚。"这段话恰好被一个云游的僧人听到，他马上领悟，代代出和尚要有

更鼓

更鼓，是指报更的鼓声，即夜里为报知时刻而于每更敲打大鼓。我国古代大部分地方实行这个报时制度（乡村中敲打更鼓的人叫"更夫"），此法亦流行于禅林。从黄昏至破晓为一夜，共分五更，每更皆由香司（丛林中，专司报时之职称）司掌打鼓报时。

① 广东省肇庆市鼎湖山庆云寺编：《鼎湖山庆云寺》（内部资料），第54页。

佛寺才成，于是化缘兴建庆云寺。庆云寺建成后，觉得鼎湖山坑没有水怎么行？而鼎湖山的对面是烂柯山，山中有一条终年不竭的山溪，水质甘美，如果把它借来就好了。于是，庆云寺住持就依计去向烂柯山的土地神借水，双方约好要半夜去借，天亮前交还，即“三更借五更还”。鼎湖山借烂柯山之水回来后，庆云寺住持考虑这样三更借五更还，时间太短，手续又麻烦，最好不用还，就一劳永逸了。古代人在计算时间是以“更”为单位来计算的，于是，鼎湖山住持想出一个巧妙的办法：不打五更鼓，有借无还，山溪水就长留鼎湖山了。

从此之后，就有“庆云寺不打五更鼓”[①]的说法。

大雄宝殿正上方瓦顶脊梁装饰

半山亭

该亭处于坑口至庆云寺山道之半，故得名，建于清康熙九年（1670），由庆云寺第六代住持一机圆捷化缘兴建，本名“小歇”。该亭坐南向北，砖木结构，面宽7.85米，进深7.08米。歇山顶，灰塑脊。亭内有石柱4条，均为花岗岩圆柱，花篮形柱础，柱上七架梁，檐柱12条，均为花岗岩方柱和花篮形柱础。

① 广东省肇庆星湖编志办编撰，刘明安、张云岭主编：《鼎湖山志》，广州：中山大学出版社，1993年，第116页。

1922年的半山亭（照片来源于网络）

历史上，这座半山亭曾多次修葺和多次重建，但始终沿袭着古朴的建筑风格和深厚的人文情结。亭内悬木匾曰：半山亭。亭内石柱间砌矮墙作凳，可供人小憩。石柱上阴刻有楹联三则：“到此处才进一步，愿诸君勿废半途”“客游图画里，僧语水云间”“相逢大笑下车笠，屏息诸缘入宝山”。

半山亭

《鼎湖山志》有这样的文字记载："乱山苍翠路逶迤，且上孤亭坐片时。俯听泉声流不尽，个中清味少人知。"①

文物保护标志

明末清初郑际泰，是进士及第，两度任职翰林院，官至吏部给事中，其有题"鼎湖十景"诗句于后人。其中，也为十景之一的"半山亭"题诗："山呈清净身，溪掉广长舌。空谷来足音，见闻暂休歇。"②

半山亭于2010年12月被评定为"肇庆市文物保护单位"。

上山新路（组图）

上山新路

南明隆武二年（1646），朱由榔在肇庆登基，改之永历。永历三年（1649）夏，永历帝偕母妃上庆云寺，要求栖壑住持为母妃说法。以往进入庆云寺，是需要经白云寺，从后山才能进庆云寺，路途遥远，路径曲折难行。栖壑住持想方设法，以庆云寺为永历行宫，开辟了今寒翠桥、补山亭一带的上山新路，方便永历帝上庆云寺。经过历代僧俗人的修建完善，今天，人们上庆云寺仍然可以走这条"上山新路"，但心境肯定是不一样了。

① ［清］释成鹫编撰，李福标、仇江点校：《鼎湖山志》，广州：广东教育出版社，2015年，第111页。

② 广东省肇庆星湖编志办编撰，刘明安、张云岭主编：《鼎湖山志》，广州：中山大学出版社，1993年，第18页。

禁伐树木碑记

禁止砍伐树木这件事似乎与佛教僧人的事务没有多大关系，但在庆云寺的历史上，曾有一段很重要的真实故事，使禁伐树木成为生存之道。

清康熙二十二年（1683），在惨和尚刻禁伐树木碑。

《鼎湖山志》叙述：光绪十九年（1893），下黄岗白石村村民梁荣旦，硬是认为鼎湖山飞水潭处的林木是梁家自植，进而强行砍伐，并与庆云寺僧人互相控告，争夺飞水潭处林木的所有权。官司由地方衙门打到肇庆府衙，然知府与道台查明真相后，升堂判定还林于庆云寺。庆云寺打赢了官司，并获准刻石晓谕，刻碑“禁伐鼎湖山范围内的树木”以大告天下。

民国三年（1914），民国政府重申前清禁令，并绘图勒石山门，禁伐鼎湖山树木，这都与和尚积极活动，争取各方支持分不开。当年，高要县知事兼警察事务所所长布告（勒石现存庆云寺门口），规定以下“四至”范围内的山林树木由寺庙主管，不准侵占山林，制止破坏事故。“四至”：左至石仔岭、竹篙岭、飞水潭、青龙头沿坑两旁为界；右至二宝峰、三宝峰、虎头山为

庆云寺树木保护全图

庆云寺禁伐树木碑（组图）

界；前至百大岭为界；后至牵丝过脉等处为界。这个明确鼎湖山范围的树木林地为庆云寺寺院所属的碑刻，实属广东第一张寺庙“山林地契”。

据史料记载，莲花庵创建之初，周围乃荒凉一片，树木并不多。而我们今天看到庆云寺周边的遍山林木郁葱，是寺中僧众年复一年勤劳植树的结果。栖壑所设职事中，便有“知山”“巡山”一职，其责任就是植树护林，而在犙大师更亲自率领众僧栽树种竹。在寺左侧横门外刻有《清政府禁伐树木碑》和《民国政府禁伐树木碑》，示谕各处人等不得任意占夺砍伐，丛林得以保护至今，历代僧俗的植树造林功不可没。

民国初期，高要县政府对鼎湖山的保护颇为重视，高要县知事为告知民众，勒石于庆云寺左侧横门外。

1956年为了加强对历史上留存的自然林的保护，在区内设立自然保护区，并由中国科学院华南植物研究所成立鼎湖山树木园，负责自然保护区的保护和担负科学研究的任务。国家把鼎湖山170万平方米林地（其中自然林有40万平方米）划为森林禁伐区，被列为国家重点保护自然风景区。

"庆云寺僧众不但在寺院附近植树，2007年3月，庆云寺积极回应广东省佛教协会为构建和谐社会服务，开展'一十百千万行动'的号召，组织僧人、员工五十多人到附近蕉园生态文明村植树造林，种下近千株树苗。在北岭山林场植树造林，并将北岭山命名为'宗教造林活动基地'。"①

庆云寺能在明末清初建成岭南地区著名寺庙，除了栖壑和尚善于权衡形势对捐助有所取舍外，还在于庆云寺历代住持，都十分注意寺庙的佛教组织和院舍建设。

栖壑和尚把庆云寺建成子孙丛林，不仅把肇庆城内以及近郊的峡山寺、白云寺、跃龙庵、梅庵、天宁寺、慧日寺、观音堂、石头庵、华严庵、兴元寺［崇祯二年（1629）由天王堂改建今元魁塔侧］划入庆云寺子孙丛林系列，而且在罗隐新建憩庵，把新兴国恩寺，新会圭峰寺、玉台寺，宝安广慧寺也纳入庆云寺子孙丛林系列。二代祖在慘在麻奢乡建的宝象林寺亦属庆云寺子孙丛林。此时，庆云寺因有系统的寺院管理而名盛一时。

栖壑和尚还捐出自己的私蓄用以建浮图塔，安放栖壑于崇祯四年（1631）到庐山金轮寺访师兄道独宗宝得来的，据说是憨山分给各弟子的四颗舍利子。

浮屠

"浮图，又作浮头、浮屠、佛图、蒲图、休屠。"②

我国古代称"佛陀"为"浮屠氏"，称"佛教"为"浮屠教"。佛教中，七层的佛塔是最高等级的佛塔。"救人一命，胜造七级浮屠"的意思就是，救了别人一命，就相当于凭你的功德，可以为你建造一座七层的佛塔。

庆云寺历代住持普同塔建于康熙三十年（1691）。当时，庆云寺立碑，合山僧众相约定，今后历代住持，不宜再在庆云寺周围建普同塔。

和尚不置田产约碑记

据史料记载，南明永历三年（1649），廉宪胡方伯与监寺昙涛募各官捐金千两，拟为鼎湖山置田。栖壑知永历内帑空虚，逼迫各官捐钱，必激起不满。于是以舍身出家，期登觉岸，不能广

① 仇江等编撰：《新修鼎湖山庆云寺志》，广州：中山大学出版社，2018年，第40页。

② 丁福保编纂：《佛学大辞典》，北京：文物出版社，1984年，第903页。

置田产为由拒绝了。并以昙涛的行为违反了戒律为由，把昙涛摈出山门，还立石为誓：规定今后世代不准置田产。

清康熙四十六年（1707）由第六代住持一机圆捷所刻的《云顶栖壑和尚不置田产约》碑，其内容是第一代住持栖壑和尚撰文规定庆云寺不得置办田产规约。这个规约的施行，减少了庆云寺与附近村民发生摩擦的烦恼，和尚可以一心向佛。此约为历代寺僧所遵守，这是庆云寺管理上的一大特点。

雲頂棲壑和尚不置田產約

《云顶栖壑和尚不置田产约》碑

补山亭

补山亭，位于庆云寺东侧50米左右的蹬道中间，始建于清康熙四十九年（1710），由高州府知府吴柯捐俸建造，以“补缺”之意命名，是鼎湖山较有名气的古建筑。这座砖木结构建筑，前后开门洞供蹬道交通。歇山顶，灰塑脊，四周斗拱向外延伸。下砌矮墙作为廊。建筑面积32.5平方米。补山亭

补山亭木匾

● 补山亭前门对联

与其他的凉亭不同，该亭建于蹬道的中间，是上庆云寺的必经之路。前、后开设门洞，前门为长方形，后门为拱券形。游人穿亭而过，悠闲登寺，在鼎湖山灵秀的山水亭台之间感受着自然之景与古建筑相互融合的和谐之美。

补山亭前门的两侧悬挂着一副对联，红底金字。原为吴柯所题，在“文革”期间被毁。1981年，中山大学商承祚教授重书。联曰：“百城烟雨无双地，五岭律宗第一山。”前门的门楣上悬挂“律宗名山”匾额，红底金字。原为吴柯所题，“文革”期间被毁。1979年，星湖管理处梁汉夫先生重书，字体苍劲有力，浑厚凝重。

亭内左右圆窗上壁书有对联：“到此已无尘半点，上来更有碧千寻”，为重摹之迹。

补山亭后门有楹联：“不作风波如世上，别有天地非人

● 补山亭全景

间。”为明代著名理学家陈献章在别处所题，后为民国初年，时任广东省政府秘书长的岑学吕，借用于此，并补横额“认取来时路”。

补山亭碑记

补山亭内的左侧墙壁镶嵌吴柯撰《鼎湖山庆云寺补山亭记》碑，镌刻于清康熙四十九年（1710）。碑刻高0.4米，宽0.8米，楷书。值得一提的是，碑文中所说的东樵，即成鹫和尚。

康熙高凉太守吴柯在鼎湖山任职期间，写下《过访迹删和尚作》云：“轻舟烟渚泊，云幻落霞蒸。径曲依新竹，松苍络古藤。论诗无俗客，挥尘有高僧。为说鼎湖胜，扶筇共一登。”[①]

《梅花诗百首》碑

在庆云寺大雄宝殿前天井左右墙壁上，由“山左观察使”宋广业于康熙五十四年（1715）仲春题书的《梅花诗百首》颇为有名。有专家研究认为：据诗的后序，此碑书于端州府署梅花书屋壁，由宋广业之子宋子益命工镌石。宋子益是康熙五十二年（1713）肇庆太守。此碑不知何故会移至庆云寺。

尽管此碑是如何辗转来到庆云寺的具体原因尚待考证，但这

① 广东省肇庆星湖编志办编撰，刘明安、张云岭主编：《鼎湖山志》，广州：中山大学出版社，1993年，第159页。

《梅花诗百首》碑位置

工整的百首咏梅七言诗和宋氏父子的高官身份，为此碑增添了不少神秘色彩和看点，也很有史学研究价值。

2012年，肇庆市的冼铁生先生为《梅花诗百首》创作《咏梅百首和章》，由肇庆市书法家卢有年书刻于庆云寺大雄宝殿外廊墙壁。

《咏梅百首和章》书法石刻选

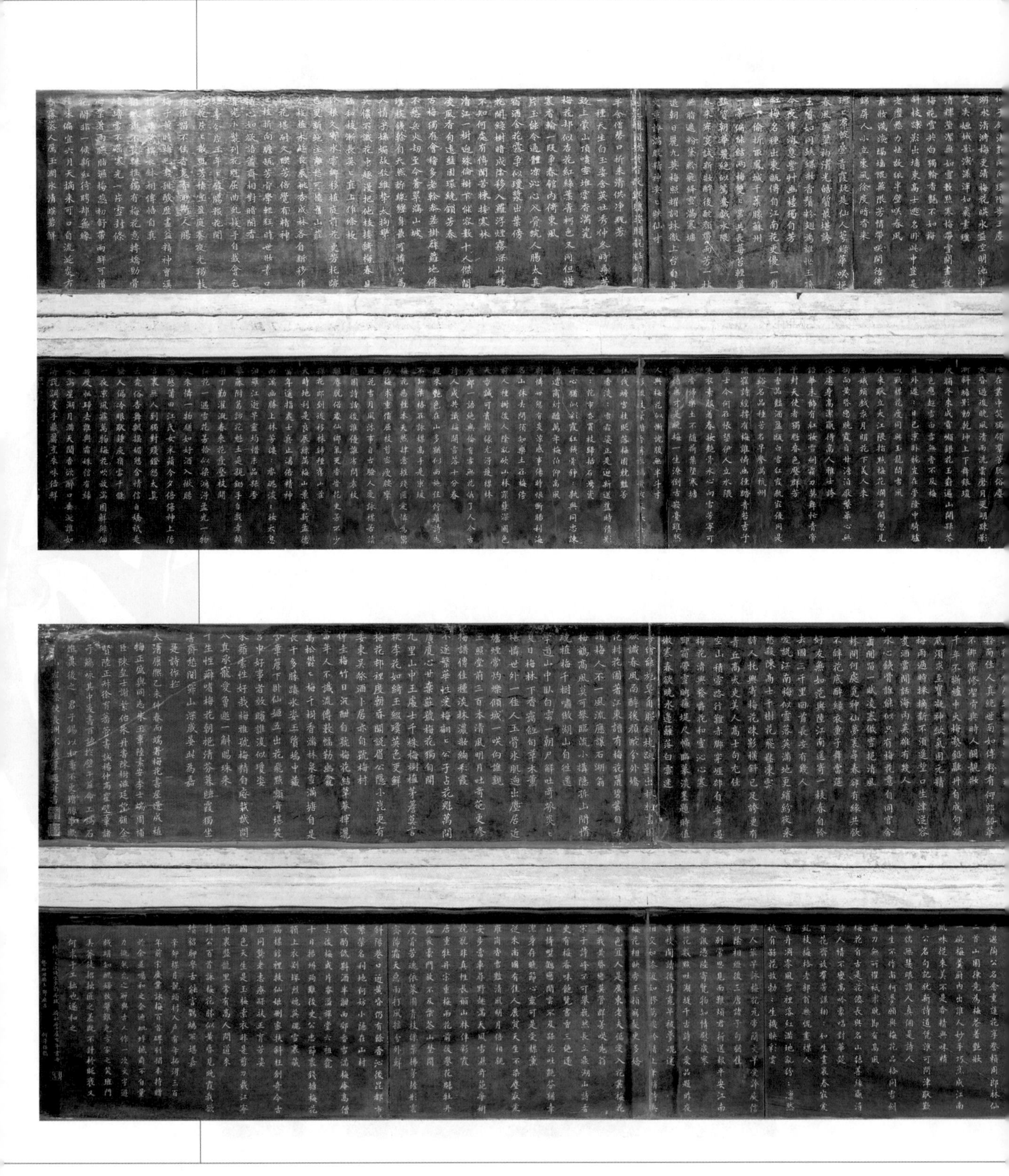

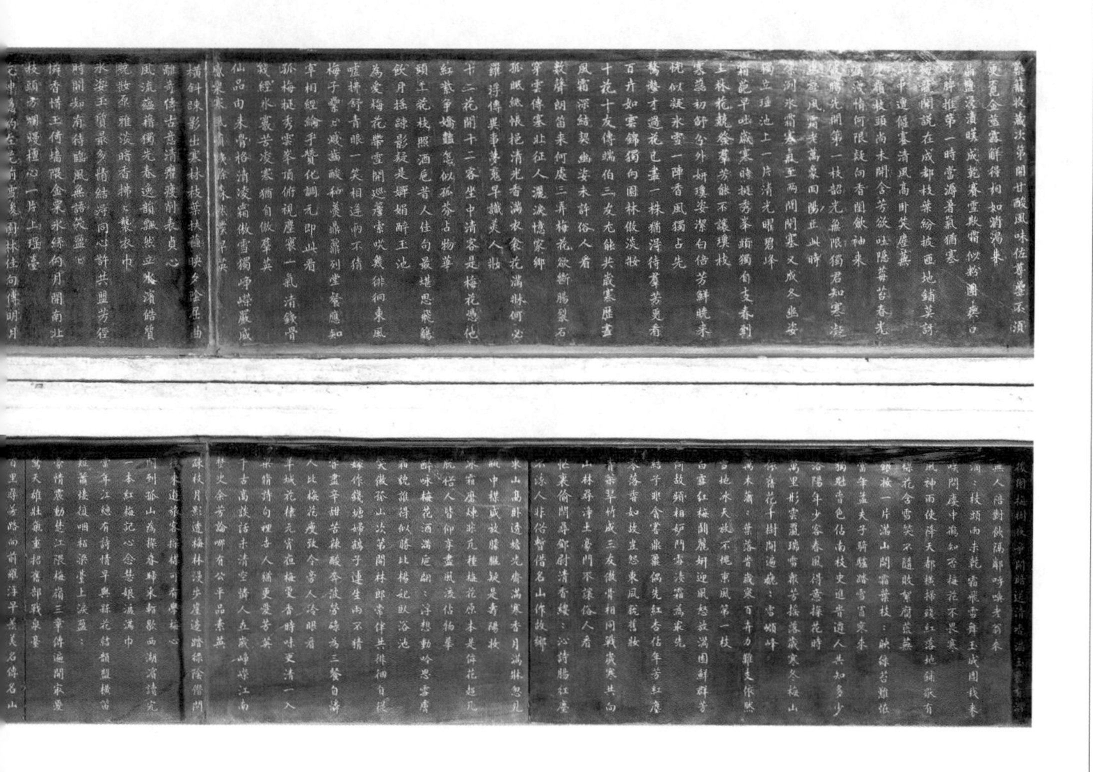

《梅花诗百首》碑（组图）
（说明：2012年《梅花诗百首》由王南阳题额《咏梅唱和越古今》，释仲贤重书）

憩庵（庆云寺下院）

与鼎湖山庆云寺关系紧密相连的寺庙，上有白云寺，下有憩庵。可以说，白云寺是庆云寺的“祖庭”，憩庵是庆云寺的“下院”。

憩庵在距鼎湖山庆云寺约5000米、西江岸边约500米的地方，“建于清顺治元年（1644），于康熙四十六年（1707）重修”[①]。憩庵所在的这个地方叫罗隐村，位于现鼎湖区的宁塘水口处。历史上，憩庵归属鼎湖山庆云寺管理。

庆云寺开山以后，人们进山朝拜，多走西江水路。距庆云寺以南5000米的西江河边罗隐村，古称宁塘口，即为入山要冲，是古时进入鼎湖山佛地的第一站。罗隐村以西2000米，便是西江羚羊峡出口处。古时有“峡水朝宗”一景。

憩庵入门

① 仇江等编撰：《新修鼎湖山庆云寺志》，广州：中山大学出版社，2018年，第35页。

《鼎湖山志》中的《憩庵环翠》（“鼎湖十景”之一）：“江边竹树结芳丛，院宇寥寥一径通。杯渡已教登彼岸，香风吹客到花宫。”

乾隆年修建憩庵芳名碑记

《憩庵》中记载：“十里遥闻下院钟，到门空见白云封。老僧久住情偏淡，惟有春山色最浓。”①

庆云寺的下院憩庵，起到了上下呼应的作用，为香客或游人提供了极大的方便，成为当时接待各地善男信女和施主登山礼佛或旅游的中转站。憩庵历来香火鼎盛，朝拜者众多，曾一度扬名海内外。

憩庵坐东向西，砖木结构，单檐硬山顶，始建于清初。于清康熙五十八年（1719）重建。开始时，憩庵是庆云寺第二代住持在惨和尚的归戒弟子、当地山主李芝木捐地一亩，由庆云寺常住僧募置地一亩营建。当时的建筑格局仿白云寺和跃龙庵的建筑

憩庵全景

① 仇江等编撰：《新修鼎湖山庆云寺志》，广州：中山大学出版社，2018年，第244页。

形式，分前后两列建筑物，每列有殿堂和房舍7间。到了民国初年，前列房舍拆除，改为大地堂，在南端建一组房舍（包括炮楼、十方堂、斋楼房、灰房、柴房、草房等）与东边的后列连接，平面呈曲尺形。

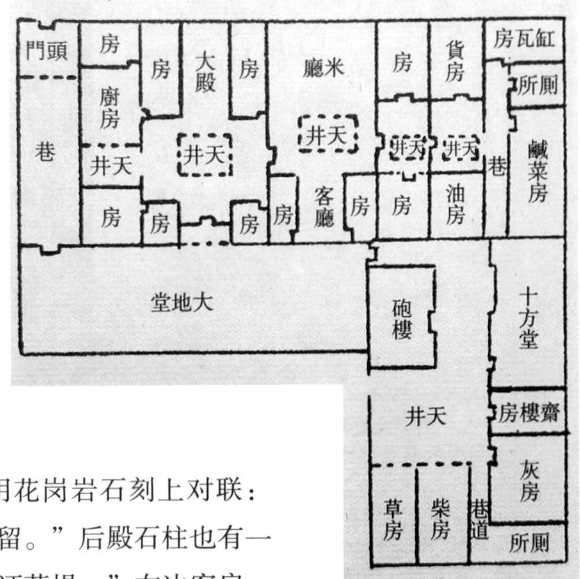

清宣统年间憩庵平面图（图片来源：清宣统版《高要县志》）

憩庵大门口，用平整的花岗岩石铺砌，门顶横匾，用一块花岗岩石刻上“湖峰初地”四个苍劲有力的大字，门旁两边用花岗岩石刻上对联：“万仞湖山还仰止，四方车辙且停留。”后殿石柱也有一联：“法为众生超浩劫，心存一念证菩堤。”右边客房，门口面向罗隐涌，门顶横批用花岗岩石刻上“憩庵”两个大字，门旁亦是用花岗岩刻上对联：“但愿少安毋躁，不如且住为佳。”憩庵门左边还竖有一块大石碑，碑文依稀可认，为光绪四年（1878）十二月立。憩庵门口有石级码头通向罗隐涌。

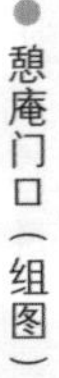
憩庵门口（组图）

憩庵壁画

罗隐码头上原来有个风雨亭，俗称“罗隐亭”。亭的两旁种有榕树、木棉树等本土树木，风景十分优美，可惜这个景观于20世纪70年代被摧毁了。罗隐码头历经西江河床变形，现已不复存在。

1952年，憩庵被罗隐村小学占用，1964年搬出。这些年来，憩庵历经日久失修或人为破坏，内部已残破不堪。幸得当地政府和社会各界热心人士出资出力，对憩庵进行重修，使整座憩庵主体建筑仍保存完整。2005年10月，憩庵再次重修开光。

《鼎湖山志》

《鼎湖山志》(康熙版)

康熙末年，《鼎湖山志》八卷完稿刊行，这是当时庆云寺最重大的事情。

《鼎湖山志》又称《庆云寺志》，康熙三十八年（1699），立意编修寺志的第四代住持契如和尚，特请滞留佛山的著名诗僧成鹫主笔。时年六十一岁的成鹫欣然应允前往。但契如和尚于翌年圆寂，志稿未成，成鹫也离开了鼎湖山。

幸运的是，康熙四十七年（1708），成鹫被推举任庆云寺第七代住持，寺志编修得以继续。康熙五十六年（1717），《鼎湖山志》终于完成付梓，纪事下限也延至这一年。

这是鼎湖山作为风景区的首次正式记述，说明从那个时候开始，鼎湖山不但是佛教圣地，而且是一个风景优美的旅游胜地而被人们所认识。

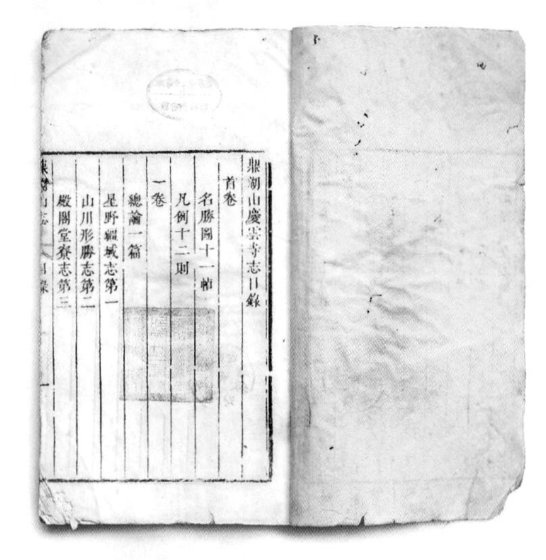
鼎湖山慶雲寺志目錄
首卷
名勝圖十一幀
凡例十二則
一卷
總論一篇
星野疆域志第一
山川形勝志第二
殿閣堂寮志第三

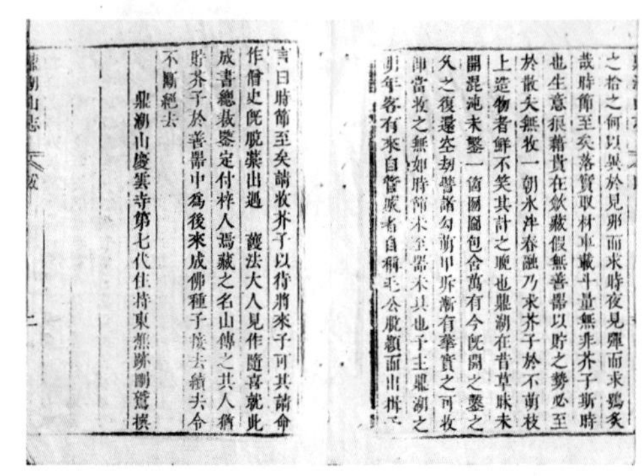
鼎湖山慶雲寺第七代住持東樵迹刪鷲撰

● 《鼎湖山志》内页（康熙版）（组图）

《鼎湖山志》全书共八卷，目录依次囊括：名胜图、凡例、总论、星野疆域、山川形胜、殿阁堂寮、创建缘起、新旧沿革、开山主法、继席弘化、清规轨范、耆硕人物、檀信外护、登临题咏、艺文碑碣、山事杂志、跋。撰写编修历经18年。

时任广西巡抚陈元龙在《鼎湖山志》序曰：“《鼎湖山志》八卷，迹删大师所辑也”，该志提纲挈领、资料丰富翔实、文简而采扬，影响很大。岭南地方史志著述，本来就不算多，有关佛教的专门史志，更属凤毛麟角。李福标先生在《鼎湖山志》的前言中就有这样的说法：“此《山志》的确在当时为整顿和扭转寺风起了举足轻重的作用，且为后人研究岭南佛教史及地方史提供了极其珍贵的原始文献。在修志体例上也为后来者提供了范本，光绪年间增城《华峰山志》即仿《鼎湖山志》之体例而纂修。成鹫自称‘思取信于将来，庶无惭于往哲’，不虚也。”[1]

现代人研究鼎湖山和庆云寺的历史时，绝大部分依据来源于清《鼎湖山志》所述。

① ［清］释成鹫编撰，李福标、仇江点校：《鼎湖山志·前言》，广州：广东教育出版社，2015年，第5页。

● 《鼎湖山志》封面（康熙版）

现在，肇庆市端州图书馆藏的《鼎湖山志》（一套两本）是康熙五十六年（1717）印制的，据专家说，这是最早印制并流传至今的古籍。该书封面上有两个朱砂红印，一个是正方形的《高要县立学校汉谋图书馆民国廿三年陈锡任内征置》印章；另一个是椭圆形的《高要县立中学校汉谋图书馆》印章，这个版本的《鼎湖山志》文史价值很高。

眠绿亭

眠绿亭，位于鼎湖山庆云寺下山，又名时若亭。清雍正五年（1727），由时任两广总督阿克敦建。该亭位于飞水潭瀑布之前，蹬道穿亭而过。1991年在原址重建，坐西向东，呈方形，长、宽均为7.2米，歇山顶，灰塑脊。亭内花岗岩圆形金柱有4条，柱础呈花篮形，高3.5米，柱上七架梁。花岗岩方形檐柱有12条，高8米，花篮形柱础，上架木梁同金柱相连。

● 眠绿亭全景

眠绿亭内部结构图

在该亭两侧花岗岩亭柱上阴刻对联一副："流水闻高下，青山阅古今。"对联言简意赅，对仗工整，形象地突出了该亭所处的位置，让人陶醉于欣赏鼎湖山飞水潭一带浓荫蔽日、飞瀑轰鸣的壮观景色。

近代著名学者章太炎先生游庆云寺时，留下"尘界未除人自苦，江山无恙我重来"的题句。眠绿亭原有木匾："涤瑕荡垢"，为章太炎所书，已被毁。

现"眠绿亭"横匾由时任肇庆市书法家协会主席孔令深老中医题写。

"眠绿亭"书法

千人锅

庆云寺"千人锅"，是在清乾隆十一年（1746）铸造，时由佛山万声炉厂铸造。大锅深接近1米，直径1.92米。如果根据体积公式计算，其本身可容纳1100升的水，是名副其实的锅中"巨无霸"。现存于庆云寺斋堂南侧。

千人锅上刻有铭文："乾隆十一年孟秋自恣日铸，万声炉造。"

● 千人锅复刻版（组图）

历史上，庆云寺鼎盛时期寺庙的人数达2000多人，所以建造了这么大型的铁锅。铁铸千人锅，是清代庆云寺不折不扣的香火鼎盛的物证。

然而，这口大锅却不是用来为僧人煮饭的，它是给那些朝拜的施主们化缘的。

据称，开始时，庆云寺共有五口大锅，曾经是为前来烧香的香客提供粥品的，香客络绎不绝，大锅就要不停地煮粥。每逢庙会，庆云寺都要免费提供粥品十余锅，供香客品尝。不知道从什么时候开始，庆云寺中最大的“千人锅”被赋予了吉祥的定义。正是在此背景下，进庙烧香拜佛的善男信女们，在经过大铁锅旁边，必把礼品信物投进大锅里。在庆云寺大锅中，每天都会出现不少吉祥物品（包括纸币、硬币、平安符等）。这些物品被香客当作一种心愿（还愿），在这个特殊的大锅中“祈祷”着各自的愿景。

目前庆云寺的千人锅已经失去了本来的功用，它再也不是熬煮美味粥品的厨房大锅，而是一件被用来礼佛还愿的法器，被神化了。

菩提树

据《新修鼎湖山庆云寺志》介绍：清咸丰元年（1851），斯里兰卡的一位将军托时任香港总督的母亲，带给庆云寺两棵菩提树苗，种植于庆云寺院前。如今，树龄已经有一百七十多年的菩提树，依然枝叶婆娑，生机盎然。这两棵菩提树，每年春季新叶呈娇红色，有异于本地的菩提树，为历史悠久的庆云寺增加了厚重的物种佐证。

“香烟镣（缭）绕护莲台，云静空庭鸟自来。仙梵忽从岩岫出，缤纷花雨点苍苔。”①

“其树叶经过加工制作后，其叶脉纹络保存坚硬透明，而其叶绿素不存，因而实乃最佳书签。”②

菩提树叶的叶背还可写经文。“在憏和尚曾在菩提树叶背上书写《金刚经》，称‘贝叶灵文’，当时及以后均成为庆云寺三宝之一。”③

菩提树（组图）

① ［清］释成鹫编撰，李福标、仇江点校：《鼎湖山志》，广州：广东教育出版社，2015年，第111页。

②③ 广东省肇庆星湖编志办编撰，刘明安、张云岭主编：《鼎湖山志》，广州：中山大学出版社，1993年，第197页。

菩提树

钟楼和鼓楼

钟楼

● 铜钟

在客堂左边，与鼓楼位置对称。该铜钟铸于清咸丰十年（1860），时由省城（广州）万成炉厂铸造，是伍荣业堂送给庆云寺的法器。钟体口径1.18米，通高1.48米，重965千克，是岭南地区所罕见的大铜钟。

钟体外刻有正楷铭文“消灾吉祥神咒、往生净土神咒、破地狱真言、愿此钟声超法界”等。大铜钟在庆云寺钟楼上方，每日清晨都会有僧人撞击，即是人们所说的“晨钟”。

佛钟的鸣法非常繁杂，不同的佛事活动有不同的叩击鸣法，不同的流派和地域也有不同的叩击鸣法。

《敕修清规法器章》载：大钟，丛林号令资始也。晓击则破长夜，警睡眠，暮击则觉昏衢，疏冥昧。

据史料记载：以往在凌晨万籁俱寂的时候，人们可以听到从庆云寺传来的钟声。这钟声在山谷回荡，越过峰峦，传到西江河畔。在历史上的“庆云寺十景”中，“凤岭疏钟”是其中之一。“殿宇巍峨远幻尘，山前山后植松筠。鲸音初动云光暮，便觉悠

● 钟楼

● 敲钟

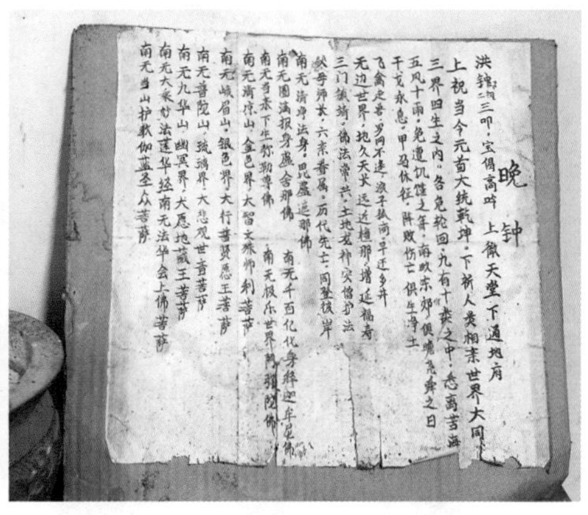

晚钟

洪钟初三叩，宝偈高吟，上彻天堂，下通地府。
上祝当今元首大统乾坤，下祈人类相亲世界大同。
三界四生之内，各免轮回；九有十类之中，悉离苦海。
五风十雨，免遭饥馑之年；南畋东郊，俱瞻尧舜之日。
干戈永息，甲马休征；阵败伤亡，俱生净土。
飞禽走兽，罗网不逢；浪子孤商，早还乡井。
无边世界，地久天长；远近檀那，增延福寿。
三门镇静，佛法常兴；土地龙神，安僧护法。
父母师长，六亲眷属，历代先亡，同登彼岸。
南无清净法身毗卢遮那佛
南无圆满报身卢舍那佛
南无千百亿化身释迦牟尼佛
南无当来下生弥勒尊佛
南无极乐世界阿弥陀佛
南无清凉山，金色界，大智文殊师利菩萨
南无峨眉山，银色界，大行普贤愿王菩萨
南无普陀山，琉璃界，大悲观世音菩萨
南无九华山，幽冥界，大愿地藏王菩萨
南无大乘妙法莲华经 南无法华会上佛菩萨
南无当山护教伽蓝圣众菩萨

● 晚钟唱词手抄本

然物外身。”①

《捐长鸣钟碑记》原文：“鼎湖山庆云寺旧有长鸣钟，咸丰十年因时事，此钟被毁。咸丰十年伍荣业堂敬送长鸣钟一个。（以下捐银数字不录）同治九年（1870）吉月吉日，南海伍荣业堂谨识。”

鼓楼

庆云寺鼓楼，在客堂右边内置有一大鼓，早晚报时，或集众。在庆云寺，鼓跟钟一样重要，但是，鼓与钟有所不同，鼓没有偈语流传。钟楼建在东方，鼓楼建在西方，两者遥遥相对，鼓

● 鼓楼

① ［清］释成鹫编撰，李福标、仇江点校：《鼎湖山志》，广州：广东教育出版社，2015年，第111页。

鼓

声也是集众信号之一。“在举贤堂右，司晨昏，或集众。安僧主之。”[①] 即是人们所说的“暮鼓”。

在朝暮课诵时，也并非字面意义上的早上敲钟，晚上击鼓，而是二者兼有，区别只是早上先敲钟，晚上先击鼓。

禅诗偈语

周振甫在《谈谈以禅喻诗》一文中提及：“自从佛（教）传入中国后，用佛家的观点来论诗的称‘以禅喻诗’，即用佛家禅宗的观点来论诗。”[②]

文人墨客、达官政要到佛教寺院参拜后，往往通过吟诗作对，抒发情感，表达自我。他们通过参拜体验，在诗词中表达佛理和禅趣，僧人也通过与文人酬唱，述说他们对人生的见解，表达自己对鼎湖山自然景色的赞美之情。

经日积月累，鼎湖山庆云寺的周围，上至山顶峭壁，下到溪涧谷底，所见之处，都有禅诗偈语的出现，字数或多或少，形式多样。

憨山和尚关于鼎湖山和庆云寺有诗《望鼎湖山》：“遥望鼎湖山，缥缈白云中。悬岩瀑布飞，玉龙挂寒空。昔有神人居，

① ［清］释成鹫编撰，李福标、仇江点校：《鼎湖山志》，广州：广东教育出版社，2015年，第19页。

② 文史知识编辑部编：《佛教与中国文化》，北京：中华书局，2005年，第179页。

分散于庆云寺周围的禅诗偈语石刻（部分）（组图）

想象颜如童。朝起游苍梧，暮宿归崆峒。长驱白鹿车，往来乘天风。餐霞饮朝露，服气吞长虹。我欲从之游，历览周八纺。长揖谢尘世，至乐无终穷。”[1]另一首《鼎湖山居》：“尽历风波总是非，此心从口习忘机。翻身直入千峰里，坐看闲云白昼飞。”[2]

这些诗词的字里行间，都饱含了佛的意趣和现实的境界，描绘了难以言说的意境。这种意境只有通过佛道的体验才能加以表现，只有在人与大自然的交融中才能获得。

庆云寺开山祖栖壑和尚，于明崇祯九年（1636），入鼎湖山住持庆云寺。庆云寺从此有了大规模的发展，成为闻名岭南的佛

① ［清］释迹删纂，丁易修：《中国佛寺志丛刊·鼎湖山庆云寺志》，江苏：广陵书社，2011年，第475页。

② ［清］释迹删纂，丁易修：《中国佛寺志丛刊·鼎湖山庆云寺志》，江苏：广陵书社，2011年，第477页。

岭南文化
艺术图典
名城·建筑·园林

分散于庆云寺周围的禅诗偈语石刻（部分）（组图）

教圣地。栖壑住持对鼎湖山庆云寺的感情颇深，作了多首诗，其中这首《游浴龙池》诗寓意很深：“探幽穷涧底，尽处泻寒流。梯磴寻奇绝，扪萝上石楼。山花香易采，野果棘难求。雨过侵衣湿，还山日未休。”[①] 这首诗虽然没有直接谈到佛学，但在笔墨之中或笔墨之外深寓人生道理和大自然的永恒。

明末清初的著名士人郑际泰在“鼎湖十景”之“菩提花雨”中，有诗句记载：“菩提本无树，选佛且逢场。谁能花雨外，领略木樨香。”[②]

谢兰生，字佩士。广州府南海县人，清嘉庆进士。嘉庆七年（1802），谢兰生到访庆云寺，留下一句“万本松杉千笏石，百重云水一声钟”于庆云寺山门西侧门口。该联写于嘉庆年间，是谢兰生《下山再赋二首》一诗的首句：“万本松杉千笏石，百重云水一声钟。静中参透三幡义，莫问南宗与北宗。”[③] 同时，在谢兰生的《宿庆云寺》中，也有诗曰：“舣舟一涉清凉国，何日长凄宝树林。得住且宽三宿戒，暂留仍抱未安心。九霄花雾通呼吸，彻底龙泓和啸吟。二百阇黎知享福，住山从不厌山深。”[④]

● 庆云寺客堂墙壁上的石刻诗文作者：袁枚等人（清代）

① 刘伟铿编注：《星湖鼎湖古诗选》，广州：广东旅游出版社，1983年，第103页。

② 广东省肇庆星湖编志办编撰，刘明安、张云岭主编：《鼎湖山志》，广州：中山大学出版社，1993年，第18页。

③ 刘伟铿编注：《星湖鼎湖古诗选》，广州：广东旅游出版社，1983年，第117页。

④ 刘伟铿编注：《星湖鼎湖古诗选》，广州：广东旅游出版社，1983年，第117—118页。

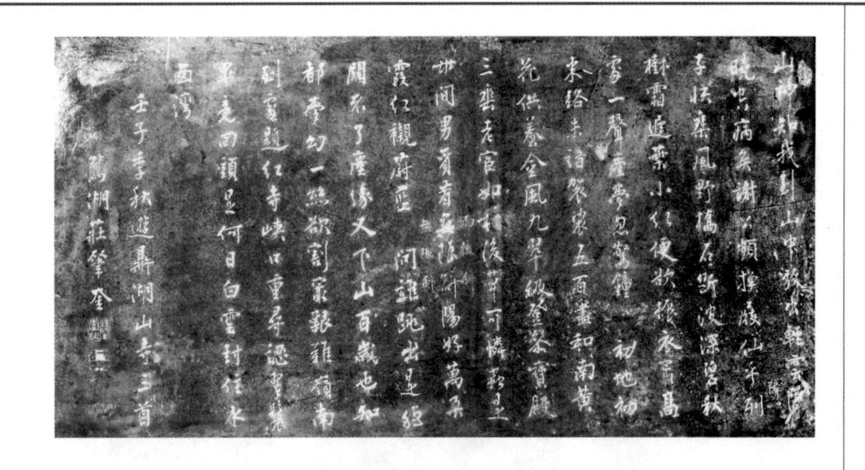

● 庆云寺客堂前右墙壁咏梅诗词石刻，诗词作者：庄肇奎（清代）

从中可以看到，当时庆云寺虽处在社会大动荡中，但常住僧人仍维持在200人左右，香火仍然不减。也表达了作者游庆云寺时流连忘返的心情，羡慕僧人的生活。

庆云寺第七代住持成鹫和尚有一诗作《观云海》：“岳项半间屋，终朝云满林。千峰无远近，一气自高深。老眼随烟雾，浮生任陆沉。松风吹不尽，化作海潮音。”[①]

这首佛家嗣法门人的诗，把现实境界与人生感悟融为一体，耐人寻味，充分体现了僧人对佛教的深刻体验。

1961年，时为全国人大常务委员会副委员长郭沫若先生前来肇庆视察。郭沫若先生为鼎湖山锦上添花：“古木葱茏溪道长，龙潭飞瀑鼓笙簧。白沙题识犹悬壁，红豆采来已满囊。喜见山头多草药，欣闻佛肚孕蜂房。随园小楷诗清丽，深刻大书却未遑。”

1987年时任全国政协副主席、中国佛教协会会长赵朴初到庆云寺视察工作，写了一首五律诗赠蕴空和尚：“寺古森林拥，心清圣地游。候迎劳长老，砥柱念中流。梦舍千僧锅，人过五比丘。宗风应未歇，奋进看从头。”

庆云寺隐藏在肇庆鼎湖山天溪山谷里，蔚为壮观。绵亘的峰峦、葱茏的树林，一眼弥望苍翠蓊郁，显得格外清净幽雅、庄严肃穆。赵朴初先生的“寺古森林拥”诗句，形象地描绘了古

---

① 广东省肇庆星湖编志办编撰，刘明安、张云岭主编：《鼎湖山志》，广州：中山大学出版社，1993年，第161页。

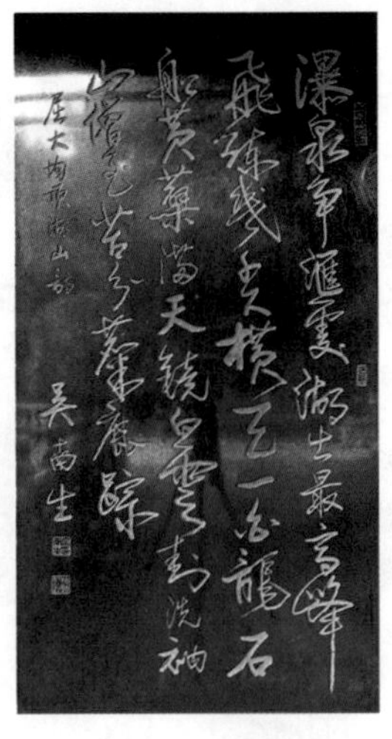
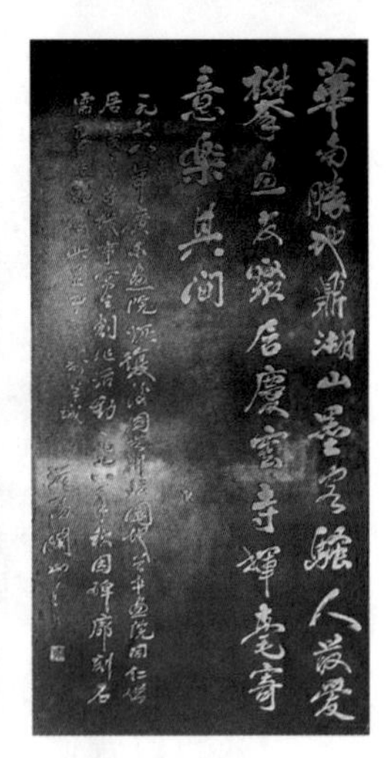

● 庆云寺《庆云寺碑廊》石刻作品（部分）（组图）

刹庆云寺“宗风应未歇，奋进看从头”的意境。该诗刻于后山龟池上。

许士杰，广东潮汕人，曾任肇庆地区委员会书记，后调任广州市委书记、海南省委书记。许士杰在《咏鼎湖山》中，有这样的诗句：“一色湖山天碧染，鸡笼耸立绕云岚。千藤蔓架悬桥秀，万树遮空觉袖寒。飞瀑舍身挥素练，龙潭激啸震青峦。老林深处白云寺，荣睿鉴真沥胆肝。”①

在鼎湖山，与佛教有关的禅诗偈语很多，在这里不可能一一列举。尽管这些禅诗偈语作者的社会地位、立场观点千差万别，文化水平参差不齐，但是，这些禅诗偈语已经成为鼎湖山以及庆云寺周边一道亮丽的文化风景线，自然和谐。

从鼎湖山庆云寺周边的各种形式（包括摩崖石刻）表现的禅诗偈语来看，由于鼎湖山自然风景的优美和灵气，一直以来，庆云寺佛教的传承和发展，遵循着一条十分有张力的发展路线：初代祖“借景”建庆云寺，文人墨客“点景”成古迹，香客信众“观景”乐在其中。鼎湖山的禅诗偈语，成为鼎湖山文人墨客和僧人“点景”的重要形式。

---

① 广东省肇庆星湖编志办编撰，刘明安、张云岭主编：《鼎湖山志》，广州：中山大学出版社，1993年，第178页。

四　民国时期的庆云寺

民国初年重修庆云寺

《民国初年重修庆云寺碑》由番禺凌福彭撰，于民国五年（1916）丙辰岁月日立。碑上有这样的记载：“洵树之净土，为极乐之仙都。而乃运逐三灾，地沦十劫。付华林于半炬，火烛西隅；熏法苑之真修，衲藏东壁。旃檀作供，叹佛殿之灰余；贝叶绪经，听梵音之风咽。璇宫绀宇，溯洄于三百年前；忍草悲花，感慨于万千劫后。欲栖禅之未稳，思聚石以何时。”

重修碑文

焰口

焰口，俗称“放焰口”，即“面燃”，为一种饿鬼的名称。密宗有专对这种饿鬼施食的经咒和念诵仪规。元、明、清三代所出焰口施食仪轨很多，师承不一，彼此径庭，主要有《天机焰口》和《华山焰口》等。放焰口一般在黄昏时举行，供以饮食，以度饿鬼，亦为对死者追荐的佛事之一。

“民国五年（1916）庆云寺发生火灾，焚毁两隅，起火原因是由于观音诞放焰口而引起。幸得附近乡民及时扑灭，庆云寺仅烧毁了一半。后由第六十五代住持最坚和尚募款重修。”①

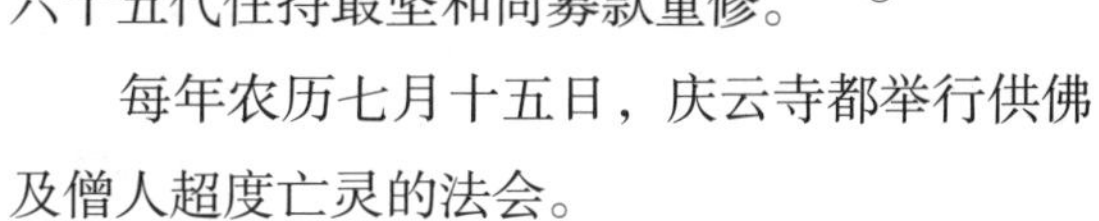

每年农历七月十五日，庆云寺都举行供佛及僧人超度亡灵的法会。

① 广东省肇庆市鼎湖山庆云寺编：《鼎湖山庆云寺》（内部资料），第23—24页。

桥通曲径（寒翠桥、环翠桥、香界桥）

寒翠桥

寒翠桥

寒翠桥位于鼎湖山香界之东南侧，建于民国十年（1921），取附近的清道光二十五年（1845）梁高岳题“径人寒翠”四字的摩崖石刻句，故名“寒翠桥”。

环翠桥

环翠桥位于鼎湖山山亭之北侧，建于民国十年（1921）。原为木桥，中华人民共和国成立后，修缮时改用钢筋混凝土结构。环翠桥北，有日僧荣睿的纪念碑，碑侧是登庆云寺的“之”字形踏道的起点。

环翠桥

香界桥

香界桥

香界桥位于鼎湖山半山亭东南60多米处，建于民国十年（1921），因半山亭外有清道光二十五年（1845）罗文卿题“翠微香界”四字的摩崖石刻句，故名“香界桥”。该桥原为木桥，中华人民共和国成立后，修缮时改用钢筋混凝土结构。

高剑父护法

“民国十七年（1928），庆云寺被封要拆除，名画家高剑父护法，庆云寺才免于被毁。”①

民国十七年，广东省政府欲将鼎湖山变为公园，决定拆寺庙充财政经费，庆云寺客堂被封闭，僧徒被迫离寺。名画家高剑父③知悉此事后，积极与政府交涉，利用他的广泛关系，为保留庆云寺而多方奔走，最后，使鼎湖山庆云寺免遭拆除。事后，庆云寺众僧为了感谢高剑父之义举，将庆云寺“吉祥轩”易名为“剑父楼”，安放酸枝架座的高剑父陶瓷像，并标上“护法”二字，楼内正面还摆设有高剑父的长生牌位，定时上香供奉。同时，在上山道中设“护法亭”立碑记载此事，以彰显高剑父“护法”功德及对他的怀念。

护法

据丁福保《佛学大辞典》介绍：护法，“护持自己所得之善法也”②。

● 高剑父像

在飞水潭侧边有一亭叫“观瀑亭”，始建于清光绪九年（1883），甚为狭窄，亭内原有“高剑父护法纪念碑”。原亭已被毁，现该亭是重建，为钢筋混凝土结构，面积比原来扩大

① 广东省肇庆市鼎湖山庆云寺编：《鼎湖山庆云寺》（内部资料），第24页。
② 丁福保编纂：《佛学大辞典》，北京：文物出版社，1984年，第1475页。
③ 高剑父（1879—1951），岭南画派创始人之一，诗、书、画俱精，享有盛名。

观瀑亭

重建鼎湖高剑父亭碑记

一倍，平面呈弯月形，一面依崖壁，另一面临崖砌护栏供游人观瀑。但“高剑父护法纪念碑”早已失佚，下落不明。

高剑父在鼎湖山优美的环境中，写了不少书法名作，也赠送了很多字画诗句给庆云寺，原在客堂的“灯

高剑父书法

高剑父亭

影照无睡，心清闻妙香”联句就是其中之一。可惜在“文革”中统统被毁，剑父楼也荡然无存。后来，庆云寺在“方池月印”平台左前方另外重建“高剑父亭”，以留纪念。“高剑父亭”有梁剑波先生撰并书的对联：“佛地名山随处风光生画意，莲峰胜迹建亭崇德纪师恩”。对联对仗工整，字体典雅大方。横额“高剑父亭”，篆体，为梁剑波先生于己卯年中秋时所书。

高剑父亭

孙中山与鼎湖山

据肇庆《西江日报》介绍①，马湘先生是孙中山的贴身保镖，先后担任孙中山先生卫士、卫士队长和副官。1923年7月下旬的一天，伍学晃、伍于簪、杨西岩、仙逸偕华侨十余人来见先生，魏邦平夫妇亦在座。先生与各人略谈了几句，便招呼大家到门前码头，登上大南洋电船，吩咐开往鼎湖山。

孙中山题对联

是日，住持与众僧请求孙中山先生题词留念。僧人早已备好了砚、纸、笔、墨，请孙中山先生挥毫留念，孙中山写就“众生平等，一切有情”的大字条幅，还署上“民国十二

① 《西江日报》，2022年1月24日，第07版《名城记忆》栏目。

年夏题赠庆云寺孙文”并加盖印章。庆云寺僧人，一直把其作为至宝珍藏。可惜该题词在“文革”时期被毁，现存只是复制品。

鼎湖山飞水潭，一泓碧水，如镜映千翠，潭上飞瀑，水从30多米高峭壁倾泻飞下，气势磅礴。潭中有一巨石，像“浮枕”浮于水中，巨石上刻有“枕流”两个大字。

飞水潭

“1979年冬，中共肇庆地区委员会书记许士杰得知孙中山先生曾经游鼎湖山，并在飞水潭游泳，于是特地请星湖管理处革委会副主任姬瑞伍到其办公室，提出如何突出搞好飞水潭这一有着其深远的历史意义和现实意义的景点。取得一致意见后，即派姬瑞伍带着地区革委会开具的介绍信到北京，请宋庆龄题词。姬瑞伍到北京全国人大办公室说明其来意，欲亲自求见宋庆龄。因接待他的全国人大办公室同志说，宋庆龄不在北京，并表达可将信件转交。姬瑞伍回肇庆不久，便收到

飞水潭标识牌

飞水潭

● 孙夫人宋庆龄于1980年题"孙中山游泳处"并刻石于飞水潭石壁上

全国人大办公室寄来的宋庆龄题的'孙中山游泳处'亲笔并署名的题词。1980年6月，星湖管理处将其题词镌刻并镶嵌在飞水潭的石壁上（高0.66米、宽2米）。"[①]

抗日战争全面爆发后，1944年肇庆沦陷，庆云寺也濒临绝境，寺中仅留30多名僧人，衣、食均成问题，而山下难民也纷纷躲进寺中避难。抗战结束后，少数僧人返回寺院，这时候的庆云寺，可谓萧条荒凉。

为了维持庆云寺的正常运作，第七十六代住持永照蕴空，经常步行外出化缘，艰难地把寺庙维持下来。

① 《西江日报》，2022年1月24日，第07版《名城记忆》栏目。

五　中华人民共和国成立后的庆云寺

立规定矩

在庆云寺过去的三百八十多年历史中，寺院规章制度的变化大体可以分为两个时期，一是清朝至民国（1636—1949），二是中华人民共和国成立以来（1949年至今）。

庆云寺创建之始，初代祖栖壑和尚根据实际情况，制定了寺院的各种规章制度。其中的“职事榜”等规约一直沿用至民国而未变更。

第一个时期三百多年庆云寺的根本制度和规定大体上被延续下来。

1949年后，国家管理体制发生了重大的改变，庆云寺的规制也应随之适应变化的需要，所以，有必要重申过去的规矩，也有必要重新制定新的制度和管理办法。

1950年至1964年，庆云寺是实行自给自足的经济模式。1964年庆云寺组织成立“寺务委员会”，由工人任主任，寺僧任副主任。从

● 庆云寺管理制度公告栏

这个时候开始，庆云寺成为一个由俗人与僧人共同聚合而成的组织（其时，庆云寺寺务委员会，由工人身份的伍金带任主任，僧人寿长洪慈任副主任，以俗人为主），这种管理模式与国内普通的寺院有很大的不同。

1985年10月8日，广东省肇庆地区行政公署发出肇函（1985）12号：《关于庆云寺由佛教僧人管理使用的通知》（以下简称《通知》）的文件。这个文件较好地解决了庆云寺的内部管理体制问题，明确规定把庆云寺交还给僧人管理，这是庆云寺内部管理上的分水岭。

根据《通知》要求：庆云寺与鼎湖山旅游风景区合为一体，实行“管理委员会”之“僧俗共管”（三僧二俗，以僧人为主）模式，成立“广东省鼎湖山庆云寺管理委员会”，管理庆云寺宗教、行政事务，并在肇庆市民族宗教事务部门行政领导和肇庆市佛教协会业务指导下进行工作。

宗教活动场所标识牌

这样的管理体制与国内其他地区的寺院管理或有极大的不同。之所以实行“僧俗共管”的管理模式。一是因为庆云寺地处鼎湖山风景区内，历来进山的善信及游客众多，为应付寺院日常繁重之宗教事务及耕山护林等工作，常住寺院的僧人、寺工高峰期近千人，需要分工精细、运作有序的管理。二是因为僧俗结合可谓庆云寺的历史传统，有其特殊的存在习惯和意义。三是因为庆云寺本属子孙丛林，其家族管理的模式已经不适应新时代发展的要求，必须进行新的管理机制改革。

根据《通知》的精神：庆云寺管理委员会由方丈任主任，负责全面工作，下设副主任一名，聘请员工担任委员，僧俗各一名或两名，僧俗委员共同分管寺院基建，僧人委员还需分管客堂工作。

该《通知》下发后，庆云寺原“寺务委员会”再次进行改革调整，由僧人永照蕴空任主任，寿长洪慈任副主任，由工人身份的梁志福任副主任。1988年后，寿长洪慈任主任，梁志福任副主任。

1986年年初，庆云寺交还僧人自主管理后，为健全组织架构和运作体制，庆云寺管理委员会修改和制定了若干的管理制度。1998年，庆云寺管理委员会发布《关于修订管理制度的通知》，组织全寺大师、员工对各项管理制度进行充分讨论，并召开职工大会，通过有关管理制度。

庆云寺自古以来与俗世交往密切，庆云寺的僧人、俗人相互依存度较高。在庆云寺，除了有僧人、俗人共同遵守的条规外，还有两套僧人、俗人分别需要遵守的规章制度。（具体规章制度的内容，涉及寺院的方方面面，这里就不一一列举。）

时至今日，庆云寺由管理委员会领导，由三僧二俗组成的“僧俗两界”共同管理庆云寺。从各自功能、运作和成果来看，这是十分必要的，这是根据庆云寺的实际情况做出的历史选择，有其存在的社会基础。这种管理模式，是庆云寺建寺的一大特色，也是“鼎湖戒”的延续与发展的一部分。

农禅并重

“农禅并重”看起来似乎是一个较为新潮的现代经济名词，其实，它是一个历史悠久而且极具传统的禅界行为观念，从时间上，可以追溯到一千四百多年前的唐代禅宗五祖。

禅宗五祖弘忍大师倡导以农为主，实行“农禅双修”，把中国古代小农经济的生产和生活方式，紧紧地结合到僧众的生产和生活方式上来，倡导僧人不靠布施和乞食为生。“农禅并重”是中国传统丛林的独特风范，是丛林清规的重要组成部分。

中华人民共和国成立初期，各行各业，百废待兴。庆云寺有大小殿堂僧舍一百多间，建筑面积一万多平方米，僧人一百多名。由于化缘募捐有限，难以维持寺院的日常生活，当时的蕴空住持与众僧议定，动员众僧 ：“愿意留下的，吃粥度日；愿意走的，每人发放30元路费。”[①] 当时，陆续走了七十多人，只留下三十多人。

一直以来，庆云寺主要是靠做法事和募化的收入来维持生活，农事收入占少量。中华人民共和国成立后，做法事的人少了，经济来源成为问题。庆云寺住持积极响应政府号召，为发展门徒创造先决条件。政府号召僧人“农禅并重”“农禅结合”，僧人们先后开发了袈裟田、大科田，种竹子、杨桃、茶、柚子，种藿香、砂仁、罗扶木等药材，种水稻，以及工人生产茶饼及柚皮、仁面酱，还创建小型火柴厂，养猪，经营鱼塘，利用一些殿堂的床位供游人香客住宿，增加寺院的经济收入。[②]

僧人劳作

① 仇江等编撰：《新修鼎湖山庆云寺志》，广州：中山大学出版社，2018年，第18页。

② 广东省肇庆星湖编志办编撰，刘明安、张云岭主编：《鼎湖山志》，广州：中山大学出版社，1993年，第110页。

“庆云寺僧人适应新形势，参加生产劳动。他们先后参加开发袈裟田、种茶、种竹、种水稻、种藿香、砂仁等药材……”[①]

庆云寺虽然有云顶栖壑和尚不置田产的特别约定，且历代庆云寺僧人都维护着这个规矩。但是，因为现实需要，庆云寺僧人也是会在就近的地方开荒山野，种植粮食和其他农作物。“在百丈岭下。田形方幅，状若袈裟，故名。”[②]历史上，袈裟田就是庆云寺僧人劳作的地方。

《鼎湖山志》中，有一诗《袈裟田》是这样记载的：“袈裟曾效此田衣，日用犁耕自不饥。清净乞求能活命，脂膏消落法身肥。”[③]

纵观历史，可以发现“农禅并重”是佛教顺应中国国情而特有的“佛教中国化”产物，一方面能使僧众自给自足，实现经济独立；另一方面在推进佛教中国化进程中起到了关键性作用。

同样，“不置田产特别约定”是规定庆云寺不要花费钱财去购田置地，这是涉及田地的所有权问题。而“农禅并重”是指庆云寺僧人开荒山野，种植粮食，自给自足，这是生存权问题。两

---

① 仇江等编撰：《新修鼎湖山庆云寺志》，广州：中山大学出版社，2018年，第19页。

② ［清］释成鹫编撰，李福标、仇江点校：《鼎湖山志》，广州：广东教育出版社，2015年，第15页。

③ ［清］释成鹫编撰，李福标、仇江点校：《鼎湖山志》，广州：广东教育出版社，2015年，第98页。

者是没有矛盾的。

中华人民共和国成立后，庆云寺各代住持（僧人）分别参加各级人大、政协和各类的社团组织。根据《鼎湖山·庆云寺》介绍：第八十二代住持印秀兰精是高要县第一届人大代表，第一届县政协委员；第八十三代住持寿长洪慈是第二、第四届肇庆市人大代表和广东省青年委员会第二、第三、第四届委员；第七十六代住持永照蕴空是高要县政协第一届委员，肇庆市政协第一、第二、第三届委员，1984年是全国佛教会理事，广东省佛教协会常务理事；秋泉、意觉（已故）二位大师是高要县政协第一届委员、肇庆市政协第一届委员；能善（已故）大师是肇庆市政协第二届委员。释纯洁住持现任广东省第十三届人大代表、肇庆市第十三届人大代表；当家师仲贤大师现是鼎湖区人大代表。2024年8月13日，释仲贤当选广东省肇庆市第四届佛教协会会长。

荣睿大师纪念碑

荣睿大师纪念碑在鼎湖山庆云寺上山径旁。1963年为纪念日本入唐留学僧荣睿大师圆寂端州而立。在半山桥旁的平台上，掩隐在一片古树浓荫之中的荣睿碑亭，碑高1.6米，宽0.95米。荣睿碑正面刻着“日本入唐留学僧荣睿大师纪念碑”14个大字，背面

荣睿碑亭

荣睿碑亭全景

纪念碑文字石刻

书有《荣睿大师赞》四言诗。纪念亭外形仿照唐朝扬州大明寺，造型古朴大方，亭顶两端鸱尾对峙，直脊饰以兽面，四角飞檐伸出龙头，灰瓦赭柱，正面檐下挂一匾额：“荣睿碑亭”。

荣睿大师，日本奈良福兴寺僧。唐开元二十一年（733）入唐留学，唐天宝二年（743）前往大明寺邀请鉴真大和尚渡日本弘法。唐天宝七年（748），荣睿大师和鉴真大和尚进行第五次东渡。但船至舟山海面，忽遇飓风，他们历尽艰辛才登陆崖县，经雷州，绕梧州，到达桂林。唐天宝九年（750），他们准备北上，于是乘船顺西江而下，然而船至端州时，荣睿大师积劳成疾，不幸圆寂于鼎湖山中。

自1963年鉴真和尚逝世一千二百周年纪念活动后，1980年，奉迎鉴真大师像回国巡展，把中日友好交流推向高潮，以后几乎每年都有日本佛教代表团到庆云寺参拜荣睿纪念碑。

荣睿纪念堂

1988年5月，庆云寺荣睿纪念堂落成揭幕。荣睿纪念堂位于九龙壁左边，纪念日僧荣睿，内设日僧荣睿坐像，像长0.7米、宽0.5米、高0.9米。

● 荣睿大师坐像

放生池

在庆云寺，有两个放生池：一个在寺后门后山广场滴水观音像下方，即千佛殿右边；另一个在寺前广场牌坊方池印月附近。

放生

"释放羁禁之生物也。"[①]

● 后山广场放生池

① 丁保福编纂：《佛学大辞典》，北京：文物出版社，1984年，第746页。

寺前广场放生池

后山广场放生池

鸟类放生仪式

传说信众放一次生就积德一次，象征“吉祥云集，万德庄严”。很多寺院都建放生用池（塘），让信众将各种水生动物如鱼、龟等在这里放养。作为佛寺专门给信众放生的设施，一般为人工开凿的池塘。

庆云寺还有一种“放生”是以“鸟类”为对象的。这种放生方式，只要是有空旷的地方和符合野生动物保护条件就可以了。无论是以“鱼类”还是以“鸟类”为对象，其放生过程的“仪式感”是

寺前广场放生池全景

鸟类放生仪式

很强的，细节很讲究，僧人俗人分别需要完成一些规定的“礼仪”后，方可进行“放生”。

2008年和2009年，庆云寺分别举行放生祈福消灾大法会。活动期间，放生小鸟一万多只，放生鲤鱼不计其数。同时，还印发《放生仪规》八千多册，赠送给各方游客，以此呼吁大家保护大自然，呼吁放生，反对滥杀生物。

重修庆云寺

1986年进一步落实宗教政策，庆云寺交还僧人管理后，成立了管理委员会，住持洪慈兼任副主任，1988年后任住持。庆云寺宗教事务完全按照佛教程序开展正常活动。1986年开始，庆云寺进行大规模整修、重建，用绢漆重塑大雄宝殿的三宝佛及祖师殿、伽蓝殿、护法殿、睡佛楼等的佛像，重铸七级浮屠塔，修葺塔殿。经多年的努力，庆云寺先后修葺了大雄宝殿、藏经楼、观音殿、方丈室、功德堂、罗汉堂、荣睿纪念堂、后山广场、东西青云巷、综合楼、服务楼等，整个寺庙焕然一新。

正在维修的庆云寺

《重修鼎湖山庆云寺碑记》

《重修鼎湖山庆云寺碑记》由梁剑波先生撰文。

2003年9月，庆云寺组织翻拓全部庆云寺历代住持墓碑，将拓本整理出版《鼎湖山庆云寺历代住持塔铭》。以此为基础，结合旧本族谱，重新编写庆云寺曹洞宗法脉的历代传承关系。

在庆云寺及寺管委会的《庆云寺修复碑记》的记载中可以看到从1986年扩大斋堂维修开始，相继进行大雄宝殿、藏经楼一带加固工程，观音殿一带改造工程，庆云寺客舍改造工程，大师宿舍、罗汉堂、祖堂、禅堂、印经寮、舍利堂以及青云巷扩宽，地面铺麻石，寺庙加设石围栏，庆云寺门口扩宽，庆云寺前花园改造工程，庆云山庄建设等。这些工程从1986年7月开始至2003年10月1日修复完毕，整个维修工程历时十七年之久，是庆云寺从开山到现在前所未有的。

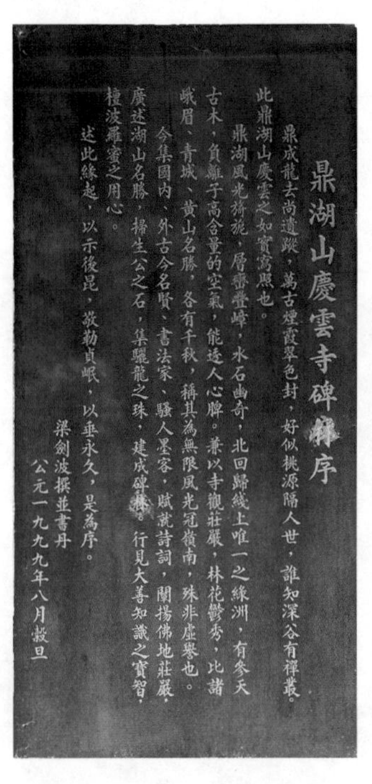

鼎湖山慶雲寺碑[illegible]序

鼎成龍去尚遺蹤，萬古煙霞翠色封，好似桃源隔人世，誰知深谷有禪叢。

此鼎湖山慶雲之如寶窩照也。

鼎湖風光旖旎，層巒疊嶂，水石幽奇，北回歸綫上唯一之綠洲，有參天古木，負離子高含量的空氣，能透人心脾。兼以寺觀莊嚴，林花鬱秀，比諸峨眉、青城、黃山名勝，各有千秋，稱其為無限風光冠嶺南，殊非虛譽也。

今集國內、外古今名賢、書法家、騷人墨客，賦就詩詞，闡揚佛地莊嚴，廣述湖山名勝，掃生公之石，集驪龍之珠，建成碑[illegible]。行見大善知識之寶智，檀波羅蜜之用心。

述此緣起，以示後昆，敬勒貞岷，以垂永久，是為序。

梁劍波撰並書丹

公元一九九九年八月穀旦

重修庆云寺碑文石刻（组图）

新装修的接待室

2021年装修完成的接待室，是在庆云寺原来的“禅悦购物店”后面的“佛物流通处”位置上重新装修而成的。装修风格禅意浓厚，佛教氛围强烈，富丽堂皇，使人完全置身于宁静的佛门清净地，增加信众的向往力。

接待室（左）和接待室外连廊（右）

修葺睡佛楼、七佛楼

2021年开始，庆云寺对位于大雄宝殿后面的睡佛楼、七佛楼、藏经阁等进行重修，以及对天顶瓦面进行拆除重新装盖，对每尊佛像进行漆色描金，工程很大。同时，庆云寺对一些残旧破损的木质对联进行修复翻新或重新制作，让这些历经多年的佛门宝物，重现光彩。

正在装修中的天顶瓦面

寺前花园

“经寺管委研究决定，对寺前花园进行彻底改造，具体方案如下：一、由方池月印至菩提花雨分为四级改造，第一级方池月印、建放生池一个、剑父亭一个、两边建小卖部二间。二、第二级：牌坊广场建石牌坊一座，两边分别建碑廊。三、第三级：玉兰飘香建华表石柱两条，两边建碑廊。四、第四级：菩提花雨，建九龙壁一座。五、牌坊广场，玉兰飘香二个步级中间各建龙盆一个。”[①]

方池月印

① 仇江等编撰：《新修鼎湖山庆云寺志》，广州：中山大学出版社，2018年，第33页。

方池月印

至2004年，庆云寺寺前花园改造工程全部竣工，为肇庆鼎湖山又添一景点。

庆云寺牌坊广场前的“方池月印”，是清代“鼎湖十景”之一。“莫笑方池水不深，清涟正可涤烦襟。天边波底一轮月，印澈禅心空古今。”①

双宝塔（铁塔和石塔）

铁塔和石塔

两座塔在寺前方土地龛上的一级木棉树旁。一座为铁塔（1981年造），塔身高3.7米，塔底座高0.6米，塔的第一层直径为0.86米，共七层，每层分别有六个不同造型的佛像。每层有六个角，每个角檐端挂有一个小铜铃。

另外一座为石塔（1990年造），塔身高3.6米，塔的第一层直径为0.86米，共七层，每层分别有三尊不同造型的佛像、三个相同

① ［清］释成鹫编撰，李福标、仇江点校：《鼎湖山志》，广州：广东教育出版社，2015年，第111页。

●铁塔

石塔

铁塔、石塔局部（组图）

造型的佛教符号。每层有六个角，每个角檐端是一个龙头造型。石塔于20世纪90年代置放在寺广场中，2000年后被移走。

庆云寺广场牌坊

庆云寺寺前花园牌坊，总高7.7米，宽11.8米，其底座长0.8米、宽0.94米、高0.8米。于1999年开始施工，至2004年完工。牌坊为花岗岩石材建造，四柱三门。上有对联和浮雕，内容丰富，栩栩如生。由双龙吐珠、万象更新、四大金刚、唐僧师徒西天取经、福禄寿三星高照、松鹤延年、麒麟吉祥等传统题材组成的一幅热闹祥和的僧俗生活景象。

牌坊正面内对联："凤岭疏钟妙法千秋传粤峤，龙潭飞瀑真源一脉接曹溪。"牌坊正面外对联："凤鸣谷响心原寂，竹翠花黄境自幽。"横额："洞上正宗。"

牌坊背面对联："鼎时鹤来云岭清溪闲指月，湖深龙浴雷音

石牌坊中间浮雕的内容表现的是释迦佛说法布道，度化众生，『传道、授业、解惑』。各界神仙前来进贡听教，雕刻出太平景象，国泰民安

老树笑拈花。”

牌坊背面对联：“清山地拥莲花藏，绀殿天开释梵宫。”横额：“云鼎胜境。”

牌坊石狮（组图）

牌坊背面

清山地擁蓮華藏

书法碑廊

书法碑廊与浮雕壁画

庆云寺广场有书法碑廊和浮雕壁画。书法碑廊由欧初先生题写碑廊标，书法碑廊的书法作品是很有震撼力的。赵朴初、黎雄才、吴南生、刘逸生、李铎等知名人士的诗词歌赋或书法作品都有刻录其中。

书法碑廊题词

刘逸生（广东中山人）题诗，原文：“古木千岩秀，飞潭彻夜鸣。瞰江思慧海，近寺振梵声。砚重廉臣碣，诗传百氏名。鼎湖龙在否，花雨散衣轻。”题款：“题湖山鼎峙，戊寅秋刘逸生。”1999年刻，高0.72米、宽0.37米。

黎雄才（广东肇庆人）题字。原文：“旭日冲青嶂，晴云洗绿潭。”题款：“雄才时年九十九岁书。”1999年刻。

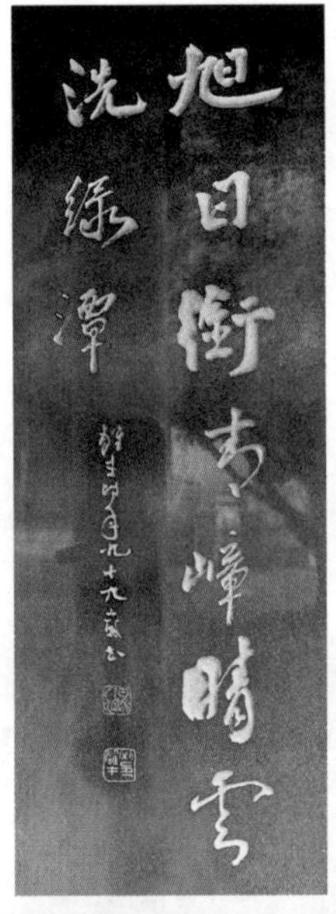
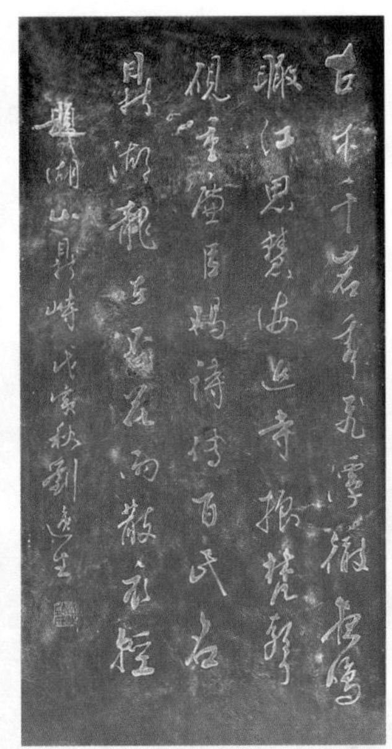

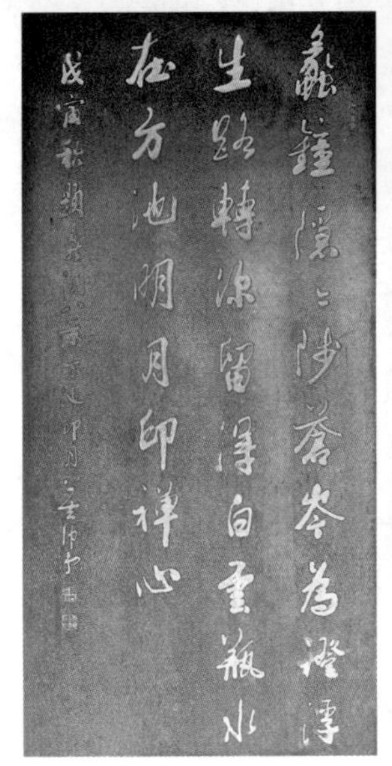
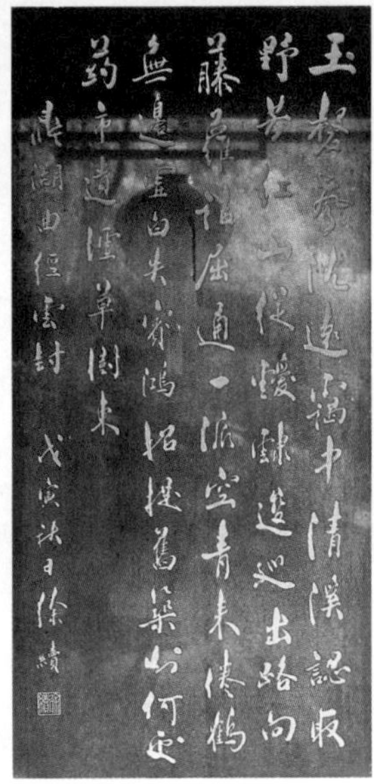
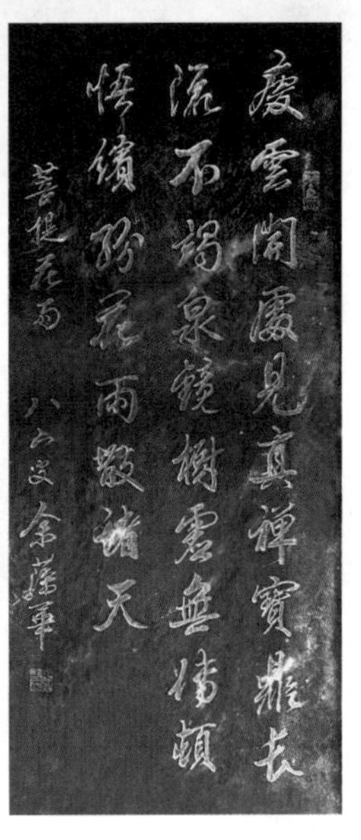

书法碑廊作品（组图）

浮雕壁画采用浮雕形式，有巨型壁画《释迦应化事迹图》《观音大士说法图》和《九龙壁图》等。

浮雕壁画《释迦应化事迹图》，总画高3.8米、长32米（两边相加），于2007年建成。浮雕壁画讲述释迦牟尼一生的经历和成就。原图共84幅，这里只选用了30幅，于2007年完成。是“光绪十九年（1893），慈禧太后的60岁‘万寿诞’，请得‘敕赐万寿庆云寺’之匾，并获《龙藏经》和《释迦应化事迹全图》，因而名盛一时。”①

而最早版本《释迦如来应化事迹图》，见于元明时期，是描绘释迦牟尼生平事迹的佛教图典。“应化”者，应者应现，应众生之机而现身，应真缘变化种种也。

● 浮雕壁画《释迦应化事迹图》

① 广东省肇庆星湖编志办编撰，刘明安、张云岭主编：《鼎湖山志》，广州：中山大学出版社，1993年，第26页。

还有一幅浮雕壁画《观音大士说法图》，画高3.3米、长15.7米，在广场牌坊正前方。此壁画设计制作单位为肇庆市坤大雕塑石业有限公司，于2007年建成。壁画中，观世音菩萨坐在莲台在中间，右边文殊菩萨坐狮子，左边普贤菩萨坐大象，宣传教义。

《九龙壁图》也是巨幅之作，画高5.6米、长10.6米，由21块花岗岩石浮雕镶嵌而成。壁画雕有9条“中国龙”，栩栩如生，寓意“国泰民安，如意吉祥”。

浮雕壁画《观音大士说法图》

浮雕壁画《九龙壁图》

"二十四孝"浮雕

围着水池的石围栏上也刻有浮雕，共二十四块，每块石栏板浮雕画高0.6米、长1.2米。所刻题材是古代的"二十四孝"故事，每块讲述一个孝道故事。

"二十四孝"浮雕

『二十四孝』浮雕（组图）

华表柱

华表又名桓表、表木，是一种在古代建筑物中用于纪念、标识的立柱。相传华表是部落时代的一种图腾标志，古称桓表。现代，华表是中国的象征，寓意着中华民族的社稷永固，源远流长。

庆云寺正前方的广场上，竖有华表柱两根，每根高11米，主柱直径0.86米，柱身雕有盘龙图案。华表柱顶部的两个方向标耳的图案是祥云图，基座是莲花状四方形，称为须弥座，这是借鉴了佛教造像的形式。基座外围设一圈石栏杆，在栏杆的四个角的石柱上各设有一只小石狮，狮子头的朝向与上面的石犼相同。庆云寺的华表柱表示守望中华文化源远流长，兼容并蓄，博采众长，蓬勃发展之意思。

华表柱

华表柱

弥勒殿

弥勒殿位于庆云寺正门广场前下方走廊，殿内供奉着弥勒佛像，于2001年建成。

安放的弥勒佛化身布袋和尚的坐像，袒胸露腹，满脸堆笑，身披袈裟，右手持念珠，左手持布袋，游戏坐姿，形象生动。

● 弥勒佛像

● 弥勒殿正面

● 弥勒殿侧面

土地龛

庆云寺正门弥勒殿之右为土地龛，又称土地公，是与庆云寺俱生而存在的，是庆云寺山门守护神，年代久远。土地佛像长、宽各0.6米，高0.9米，造型金碧辉煌。

"弥勒殿之右，为土地龛，与后山金刚坛一起，属山门守护神。"①

龛

龛，指供奉佛像或神位的石室、小阁，或盛放神圣物品的盒子。如：龛座（放神主的小室）、龛像（壁龛中的佛像）。

四大金刚

在庆云寺弥勒殿前，有"四大金刚"坛，供奉"四大金刚"。在庆云寺后山门入口附近，原来有一个叫"金刚坛"的地方供奉着"四大金刚"铜像。后因重修，于2015年，在庆云寺

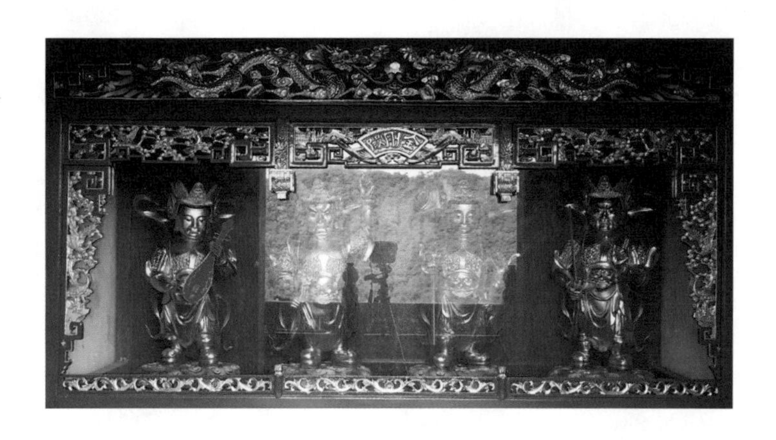

土地龛

四大金刚（铜像）

① 刘伟铿编著：《岭南名刹庆云寺》，广州：广东旅游出版社，1998年，第4页。

● 四大金刚（石像）（组图）

云鼎福地广场前的弥勒殿前增建“四大金刚”坛。四大金刚每尊长1.2米、宽0.8米、高2.4米，底座长0.98米、宽0.8米。硬质石材造，身上甲胄的颜色，为灰褐色，神态各异。

庆云寺供奉的“四大金刚”各执一物，寓意“风调雨顺”。执剑者，风也；执琵琶者，调也；执伞者，雨也；执龙者，顺也。风调雨顺，指风雨及时，适合农时。同时也喻指五谷丰登，天下太平。虽然四大金刚的形象横眉怒目，但被中国老百姓赋予了十分美好的期望。

四大金刚

四大金刚身穿甲胄的颜色，各个地方的寺庙稍有不同。一般来说：南方增长天王为蓝色，北方多闻天王为绿色，西方广目天王为红色，东方持国天王为白色。

二十四诸天殿

在庆云寺正门广场前下方走廊，弥勒殿两边，供奉着二十四诸天佛像，平均每尊长0.7米、宽0.6米、高2.1米，佛像以现代工艺合成材料建造，逼真自然。二十四诸天殿整体面积约24平方米。

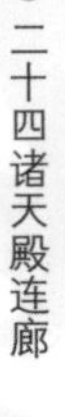
二十四诸天殿连廊

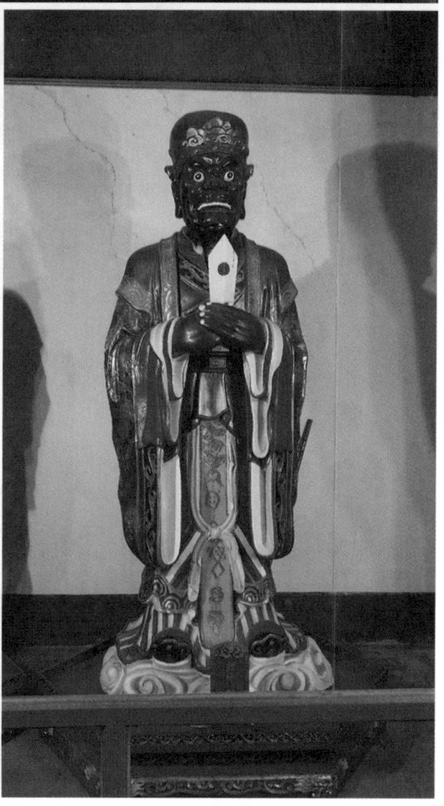

二十四诸天佛像（组图）

“二十四诸天”是佛教的护法诸神，又可称为“诸天鬼神”。诸天在佛前按一定顺序排列，各有所主，以其有护持佛法之功。一般寺院供奉二十位正规诸天，在佛道争胜又互相融合的过程中，在此二十天的基础上再增诃利帝南天、星宫月府天、紧那罗王天及雷神大将天，遂成为“二十四天”。

二十四诸天殿走廊

“福”“寿”字石刻

“福”“寿”字石刻在庆云寺后门滴水观音放生池右侧。“福”字，高1.4米、宽1米。“寿”字，高1.6米、宽1米。

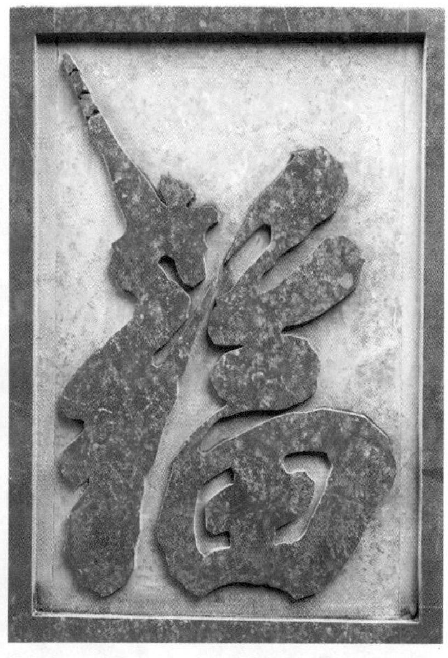

「福」「寿」字石刻

福寿碑记

“福”“寿”二字为石刻，专门有一碑记。碑记由庆云寺第八十四代住持结真（1921—2005）于2002年撰文，2005年刻。碑记道出了“福”“寿”二字的来历：此“福”“寿”二字书法用笔遒劲，构思巧妙。“福”字内藏鹿鹤龟田，甚为特别，乃宋朝名士陈抟所书。相传，陈抟为了寻访唐代高僧石头和尚希迁的遗迹，专程到访端州。当时端州城北有石头庵，时陈抟书“福”“寿”二字于其上，复回四川同书此二字。经历世事变迁，石头庵在明朝时改建为崧台书院，将此二字掩埋。明末，石头和尚三十四世法孙憨山得此二字真迹，辗转间落到庆云寺初代祖栖壑和尚手上。栖壑和尚乃石头和尚第三十五世法孙，事憨山和尚于南华寺，百数十年后，为第八十四代住持结真和尚所传，重刻此二字，亦为鼎湖山添一景也。

千佛殿

千佛殿也叫药师殿，在放生池左侧，于2009年8月新建。

千佛殿外观

千佛殿内堂（组图）

地藏殿

地藏殿，主要供奉地藏王菩萨，是佛寺中较重要的配殿之一。据《地藏十轮经》所说，此菩萨安忍不动如大地，静虑深密如秘藏，是为“地藏”，二字皆喻菩萨的功德。在不同经典中地藏菩萨名号众多，但无论如何演化，其共同特征总是僧人形象，穿袈裟、持锡杖。

地藏殿外观

庆云寺地藏殿于2017年修建而成，在观音殿广场方丈室旁。“地藏殿”三字由释仲贤和尚题写。

地藏殿内堂

第三章

古刹出高僧

一　庆云寺的法嗣世系

“在隋唐时期形成的主要佛教宗派有：天台宗、三论宗、法相宗、华严宗、律宗、禅宗、净土宗、密宗。”①

其中，在中国佛教历史上影响较大的宗派有天台宗、法相宗、华严宗、律宗、禅宗、净土宗。

庆云寺以禅宗为正宗，亦兼修净土宗与律宗。这与明代曹洞宗的无明慧经、博山元来等大师提倡禅净双修有关，与影响栖壑和尚较深的莲池袾宏和曹溪憨山两位大师也有关。“栖壑锡下的庆云寺以禅宗为主，亦兼修净土宗与律宗。栖壑师承无明慧经、博山元来，又受莲池袾宏与曹溪憨山的深刻影响。”②

“还应提及的是，庆云寺受华严宗的影响也是很深的。”③

庆云寺初代祖栖壑和尚，早在万历三十八年（1610），曾参净土宗八祖莲池袾宏大师，授净土法门。莲池袾宏大师以净土法门为主，并注重弘扬律宗。律宗是以优习和传持戒律为主的宗派。

庆云寺建成以后，初代祖栖壑和尚和二代祖在犙和尚都尽力于律学的复兴。在犙和尚著有《四分律如释》十二卷和《四分律名义标释》四十卷。庆云寺禅净兼修亦源于憨山大师。

佛教传入中国后的前几百年间，只有师徒之间以佛法相授受的模式，并无住持一职，直到唐代，百丈怀海禅僧始立住持制度，以维持寺院秩序。

---

① 文史知识编辑部编：《佛教与中国文化》，北京：中华书局，2005年，第51页。

② ［清］释成鹫编撰，李福标、仇江点校：《鼎湖山志·前言》，广州：广东教育出版社，2015年，第2页。

③ 刘伟铿编著：《岭南名刹庆云寺》，广州：广东旅游出版社，1998年，第39页。

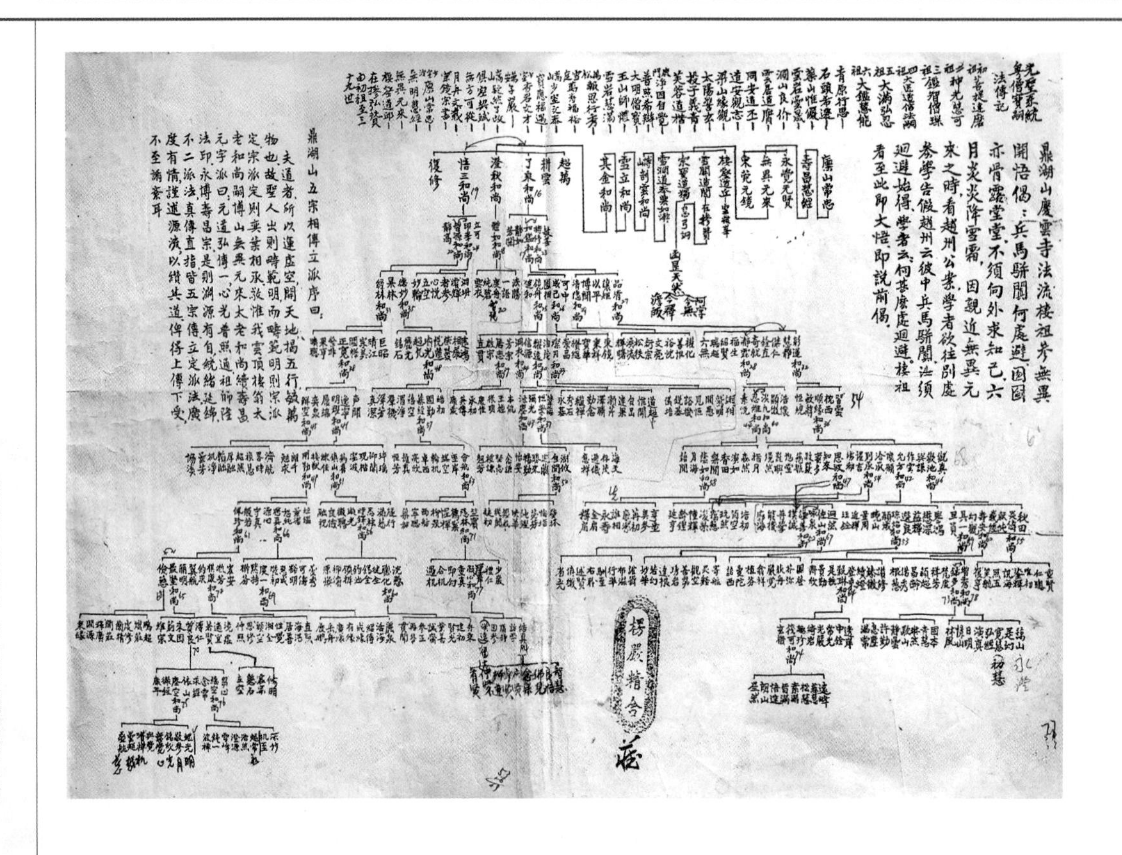

鼎湖山庆云寺先圣系统嗣法图谱（图谱现存庆云寺藏经阁内）

鼎湖山庆云寺法系有两种排序方式：一种是以博山无异元来为一世祖，栖壑为二世祖；另一种是以栖壑为曹洞宗希迁下第三十五世孙，在犙为第三十六世孙。

庆云寺初代祖栖壑到庆云寺之前，即崇祯元年（1628），往访博山，得嗣法为弟子。其后，庆云寺历代和尚皆称为洞上正宗博山系的弟子，称博山无异为第一世。

《新修鼎湖山庆云寺志》记载：庆云法系是道丘栖壑大师所传上继博山无异元来和尚的法脉，作为石头希迁下曹洞宗第三十五世孙，又是庆云法系的初代祖，栖壑奉承无异元来制定的传法偈“元道弘传一，心光普照通。祖师隆法印，永传寿昌宗”。庆云一脉就按照这个偈语承传递延。

庆云寺历代和尚其法名的第一个字有下列规定：博山无异元来禅师从寿昌支元字开衍博山法派，其下传各世依次按下列二十字起名：“元道弘传一，心光普照通。祖师隆法印，永傳寿昌宗。”此二十字用完，再由外江诵续五十六字：“识心达本，大道斯张。能仁敷衍，古洞源长。因果融彻，显密切扬。法云等润，灵树舒芳。慧灯明耀，遍照慈光。应化乘运，玄印元纲。匡扶奕世，传水弥唐。”

仇江在《清初曹洞宗丹霞法系初探》中云：“曹洞宗博山系由元来无异和尚制定了世代递传的法号偈语：‘元道弘传一，心光照普通。祖师隆法印，永傅寿昌宗。’道丘所传鼎湖法系，即依此偈，由道丘而弘赞、而传源、而一机直传至今。而菲首一服则由道独另制偈语：‘道函今古傅心法，默契相应达本宗。森罗敷衍谈妙部，祖印亲承永绍隆。’”①

庆云寺之所以从1636年由栖壑和尚传下来的曹洞宗法脉，时至2022年纯洁和尚，经历了曹洞宗博山法系的“传法偈”，延递了三百八十多年，已经产生过八十六代住持，还有一个重要原因，就是成鹫和尚在任庆云寺第七任住持时所做出的努力。成鹫和尚巩固和发展了曹洞宗博山法系，彰显了佛法正道。

据叶宪允在《佛儒之间——清初成鹫法师的遗民世界》中云：“成鹫的师父元觉禅师礼栖壑禅师圆具，那么成鹫与栖壑禅师也就颇有渊源。”②

成鹫和尚于康熙四十七年（1708）入鼎湖山主法，为庆云寺第七任住持。旋即严厉整治寺风，重申寺规。时两广总督赵弘灿在《鼎湖山志·序》中云：“有老比丘成鹫者，墨名儒行，学广道高，州之绅士延其住锡焉。于是修辟山场，讲明戒律，已历历可观。”③

张贤明、聂明娥在《成鹫与清初广东曹洞宗》一文认为：“成鹫的入主却对鼎湖山产生极大的影响。第一，成鹫成为非曹洞宗博山系的法嗣任庆云寺住持的绝响。庆云寺后来作出非博山系法嗣不能任庆云寺住持的规定，应该与成鹫有极大关系……第二，成鹫始创自动退院制。成鹫在鼎湖任第七任住持，其前的六

① 仇江：《清初曹洞宗丹霞法系初探》，《广东佛教》，2004年，第6期。

② 叶宪允著：《佛儒之间——清初成鹫法师的遗民世界》，北京：中国书籍出版社，2019年，第91页。

③ ［清］释成鹫编撰，李福标、仇江点校：《鼎湖山志·序》，广州：广东教育出版社，2015年，第1页。

任均是任职终身，自上任伊始直至圆寂。然成鹫却在中道辞去，这主动退院之例遂成后来鼎湖之通例。”①

从历史上来看，人们会注意到成鹫和尚作为临济宗法嗣而与曹洞宗僧过从甚密的现象，这有主观和客观上的原因。客观上，当时岭南禅门，应是曹洞宗华首台系的天下，因而成鹫只能与他们往还。主观上，成鹫本乃鸿儒，尽管削发为僧，也改变不了儒质，蔡鸿生教授谓其“释表儒里”②。

曹洞宗僧群体中，多为硕学，成鹫与他们类聚群分，实为“道同而相谋”，主观原因应是主要的。

庆云寺与博山系

庆云寺属子孙丛林，即历代住持必须是同派系的子孙。

佛教师承，有剃度、受戒、嗣法三个阶段。严格说来，只有第三阶段经倾偈印可，才算嗣法子孙。

庆云寺初代祖栖壑，是博山系第二世，石头和尚第三十五世孙。第二代住持在犙嗣法于道间雪关，属博山系第三世。然第三、第四、第七代住持，虽从受戒的角度看，与栖壑有传承关系，但从嗣法的角度看，却不是博山系的嗣法子孙。第三代住持传源湛慈，受戒于栖壑，而嗣法于天界系的天界觉浪。第四代住持元渠契如，受戒于栖壑，却嗣法于临济宗圆悟系的浙江宁波天童山天童寺僧山晓本皙。第七代住持成鹫迹删，嗣法于广州华林寺的元觉离幻，元觉离幻虽受戒于栖壑和尚，而其嗣法世系却仍属临济宗的圆悟系。

庆云寺第八代住持一安雪立以后，便全部是博山系的法嗣。分两支：一是从在犙所创南海宝象林嗣法后才过庆云寺的，二是一安雪立的嗣法子孙，而以一安雪立一支为最盛，第二十二代住持普汇智源以后，便全部是一安雪立的嗣法子孙。

在法嗣世系中，博山系中有些和尚虽不曾住庆云寺，但依然

① 杨权主编：《天然之光——纪念函昰禅师诞辰四百周年学术研讨会论文集》，广州：中山大学出版社，2010年，第312页。

② 蔡鸿生著：《清初岭南佛门事略》，广州：广东高等教育出版社，1997年，第98页。

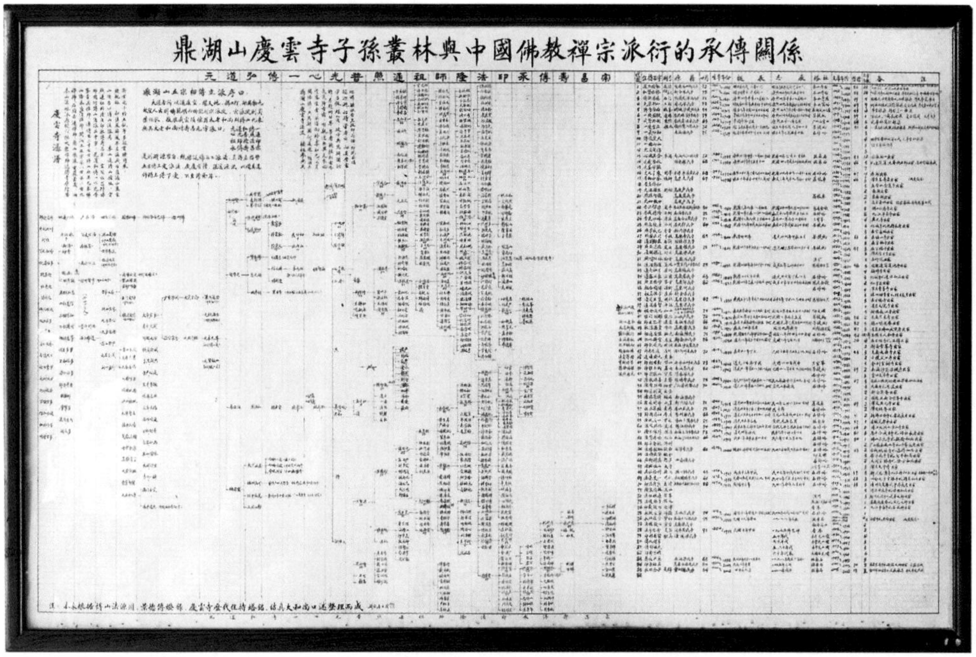

鼎湖山慶雲寺子孫叢林與中國佛教禪宗派衍的承傳關係

元道弘傳一心光普照通祖師隆法印承傳壽昌

『鼎湖山庆云寺子孙丛林与中国佛教禅宗派衍的承传关系』图谱（图谱现张挂在庆云寺客堂墙壁上）

属博山系，可见庆云寺与同属博山系的其他寺庙的关系，以及庆云寺在博山系中的地位。

（一）博山元来法嗣。1. 道独宗宝：南海陆氏子，号空隐，历主庐山金轮峰栖贤寺，粤之罗浮华首台，闽之雁湖西禅寺，粤之海幢，有《瞎堂诗集》。曾送释迦舍利子给栖壑和尚。2. 道丘栖壑：庆云寺初代祖。道阁雪关又名智訚，江西上饶傅氏子，历主鼓山、虎跑，终于杭山妙行寺。有《摘灯录》《炊香堂诗集》。3. 道奉雪嗣，建阳龚氏子，隆武元年开法瀛山，永历十年继席博山，再迁高泉、晋宁。道严独峰，西川大竹沈氏子，开极乐祇园于滁上，再迁独峰。道雄星朗，继席博山能仁寺。道密嵩乳，江苏泗州唐氏子，结茅郁洲山，开法淮安檀度寺，历主安东能仁寺、徐州云龙寺、青峰菩提寺、法起寺。道舟古航，福建晋江郑氏子，崇祯十年继席雪峰，迁迴龙、博山。

（二）道字派法嗣。1. 道独宗宝法嗣：函可祖心，广东博罗韩子氏，号剩人，万历中礼部尚书韩日绩之子，住持辽阳千山朝阳寺。函昰丽中，广州曾氏子，俗名志莘，字宅师，崇祯十五年开堂诃林（广州光孝寺），号天然。历主诃林、雷峰、海幢、

华首、芥庵、匡庐山栖贤寺、韶州丹霞寺。函静五戒，俗名韩履泰，事空隐于华首。2. 道丘栖壑法嗣：弘峰雪球，开山新会圭峰玉台寺。弘量行源，住持宝安广慧寺。3. 道间雪关法嗣：弘赞在犙，庆云寺第二代住持。弘恩元锡，明凤阳瑞昌王第四子。投元来无异剃落，依雪关参究，得其法。历主博山、瀛山、董岩诸寺。奉新头陀弘敏，其徒传綮书年，即朱由桵，又名朱耷，著名画家八大山人。4. 道奉雪涧法嗣：弘瀚粟如，住持博山能仁寺。

（三）弘字派法嗣。1. 弘量行源法嗣：传琨以霶，住持宝安广慧寺，再分化于东莞万古庵。2. 弘赞在犙法嗣：传诇慧弓，康熙十五年（1676）卒于南海宝象林。传扑雯衣，住持南海宝象林。传意空石，庆云寺第五代住持。传俊觉天，庆云寺第十代住持。传信文麟，南海宝象林第四代住持。3. 弘瀚粟如法嗣：传鹏剖云，住持博山能仁寺。

（四）传字派法嗣。1. 传琨以霶法嗣：一机圆捷，庆云寺第六代住持。2. 传扑雯衣法嗣：一羲仲和，庆云寺第九代住持。3. 传俊觉天法嗣：一出两山，庆云寺第十一代住持。4. 传鹏剖云法嗣：一安雪立，庆云寺第八代住持。5. 传信文麟法嗣：一本无相，南海宝象林第五代住持，开法澳门莲峰寺。

（五）一字派法嗣。1. 一羲仲和法嗣：心彻如昭，住持南海宝象林。2. 一安雪立法嗣：心端其金，庆云寺第十三代住持。3. 一本无相法嗣：心祖智海，南海宝象林第十一代住持。

（六）心字派法嗣。1. 心彻如昭法嗣：光月定辉，庆云寺第十二代住持。光鉴学能，庆云寺第十五代住持。光和致中，庆云寺第二十一代住持。2. 心端其金法嗣：光羲澄秋，庆云寺第十四代住持。光羲了乘，庆云寺第十六代住持。光证悟三，庆云寺第十九代住持。

（七）光字派法嗣。1. 光羲澄秋法嗣：普真体如，庆云寺第十八代住持。2. 光羲了乘法嗣：普彻如鉴，庆云寺第十七代住持。普戒持修，庆云寺第二十三代住持。3. 光证悟三法嗣：普汇智源，庆云寺第二十二代住持。普晃印峰，庆云寺第二十四代住持。

（八）普字派法嗣。1. 普真体如法嗣：照珠智镜，庆云寺第二十代住持。2. 普彻如鉴法嗣：照泉镜舟，庆云寺第二十五代住持。照学成已，庆云寺第二十六代住持。3. 普戒持修法嗣：照澄品清，庆云寺第二十七代住持。照闲清隐，庆云寺第二十九代住持。4. 普汇智源法嗣：照纬经林，庆云寺第三十一代住持。照显德妙，庆云寺第三十五代住持。

（九）照字派法嗣。1. 照泉镜舟法嗣：通明耀远，庆云寺第三十代住持。通亮灿月，庆云寺第三十三代住持。通露润衣，庆云寺第三十四代住持。通满居智，庆云寺第三十九代住持。2. 照澄品清法嗣：通澍瀞霖，庆云寺第二十八代住持。通沼彰莲，庆云寺第三十二代住持。3. 照纬经林法嗣：通定正宽，庆云寺第三十八代住持。4. 照显德妙法嗣：通璩瑜光，庆云寺第四十八代住持。

（十）通字派法嗣。1. 通澍瀞霖法嗣：祖圣淡凡，庆云寺第四十代住持。祖逸忍惟，庆云寺第四十四代住持。2. 通沼彰莲法嗣：祖合顺缘，庆云寺第三十六代住持。3. 通露润衣法嗣：祖真性学，庆云寺第三十七代住持。祖洁涤尘，庆云寺第四十三代住持。 4. 通定正宽法嗣：祖灯明耀，庆云寺第四十一代住持。祖化解空，庆云寺第四十五代住持。5. 通璩瑜光法嗣：祖承慕经，庆云寺第五十七代住持。

（十一）祖字派法嗣。1. 祖圣淡凡法嗣：师惠恩波，庆云寺第四十七代住持。2. 祖逸忍惟法嗣：师阐荫如，庆云寺第五十八代住持。3. 祖合顺缘法嗣：师正允方，庆云寺第四十二代住持。师悦欢池，庆云寺第四十六代住持。师达则诚，庆云寺第五十四代住持。4. 祖洁涤尘法嗣：师雅自闲，庆云寺第五十代住持。5. 祖承慕经法嗣：师舟会航，庆云寺第六十三代住持。6. 祖灯明耀法嗣：师勉用勤，庆云寺第四十九代住持。师宗镇山，庆云寺第五十一代住持。

（十二）师字派法嗣。1. 师惠恩波法嗣：隆敬谦善，庆云寺第五十二代住持。隆辅佐山，庆云寺第六十七代住持。2. 师正允方法嗣：隆璧琼熠，庆云寺第五十三代住持。3. 师悦欢池法嗣：隆佐炎俦，庆云寺第五十五代住持。隆规具一，庆云寺第五十九代住持。隆鹭寿安，庆云寺第六十二代住持。隆范献纯，住持浙

江宁波无童寺。4. 师舟会航法嗣：隆泉隐林，庆云寺第七十一代住持。5. 师勉用勤法嗣：隆玉佩珍，庆云寺第六十一代住持。隆衡聘真，庆云寺第六十六代住持。6. 师宗镇山法嗣：隆安时铎，庆云寺第五十六代住持。

（十三）隆字派法嗣。1. 隆辅佐山法嗣：法液灵溪，开山香港灵隐寺。2. 隆鹫寿安法嗣：法优钵多，庆云寺第七十三代住持。法希增秀，庆云寺第七十八代住持。香港定慧寺开山祖。3. 隆规具一法嗣：法璋谷琳，庆云寺第六十四代住持。4. 隆泉隐林法嗣：法瑞凝心，庆云寺第七十七代住持。5. 隆安时铎法嗣：法枝聪化，庆云寺第六十代住持。6. 隆玉佩珍法嗣：法持最坚，庆云寺第六十五代住持。法让俭慈，庆云寺第六十八代住持。法祉祺康，庆云寺第七十二代住持。7. 隆衡聘真法嗣：法普度一，庆云寺第六十九代住持。

（十四）法字派法嗣。1. 法璋谷琳法嗣：印载筏可，庆云寺第七十四代住持，香港宝莲寺三代祖。2. 法让俭慈法嗣：印秀兰精，庆云寺第八十二代住持。3. 法持最坚法嗣：印洁质良，庆云寺第七十代住持。印昭著贤，庆云寺第七十九代住持。4. 法瑞凝心法嗣：印众结真，庆云寺第八十四代住持。

（十五）印字派法嗣。1. 印洁质良法嗣：永脱尘空，庆云寺第七十五代住持。永照蕴空，庆云寺第七十六代住持。2. 印众结真法嗣：永明念果，庆云寺第八十五代住持。智慧永生、良悟永觉、佛见永灵、仲贤永航、广贤永宝、卓贤永藏、松道永慈、有贤永常。

（十六）永字派法嗣。1. 永脱尘空法嗣：傅明继光，庆云寺第八十一代住持。傅月苗芝、傅光铭欣、傅心意觉、傅灯与觉、傅机瓒禅、傅越昙超、傅慈暨航。2. 永照蕴空法嗣：傅礼越常，庆云寺第八十代住持。傅义深妙、傅智澄源、傅享纯一、傅缘机至、傅正浩然、傅谈波禅、傅觉雪峰。剃度徒：净禅、敏禅、真禅、德禅。3. 慧因和尚法嗣：机修和尚，澳门普济禅院住持。

（十七）傅字派法嗣。1. 傅明继光法嗣：利禅、万禅。2. 傅礼越常法嗣：寿长洪慈，庆云寺第八十三代住持。果修、福观 、如天、能善。

（十八）寿字派法嗣。寿长洪慈法嗣：昌净慈耀、昌遇云玄、昌印德禅、昌德敏禅、昌照宝山、昌演明慧、昌开荣果、昌量净禅、昌达有怀、昌信明根、昌兴贤空、昌空心慧、昌果见慧。

鼎湖山庆云寺历代住持推选形式

寺庙的住持叫佛教僧职，又称住职。原为久住护持佛法之意，是掌管一个寺院的主僧。

庆云寺初建时，住持的选择是由全寺僧人与舍地或捐钱建寺之乡绅联议，礼请名僧住持。庆云寺住持系终身制，任期一般至圆寂。

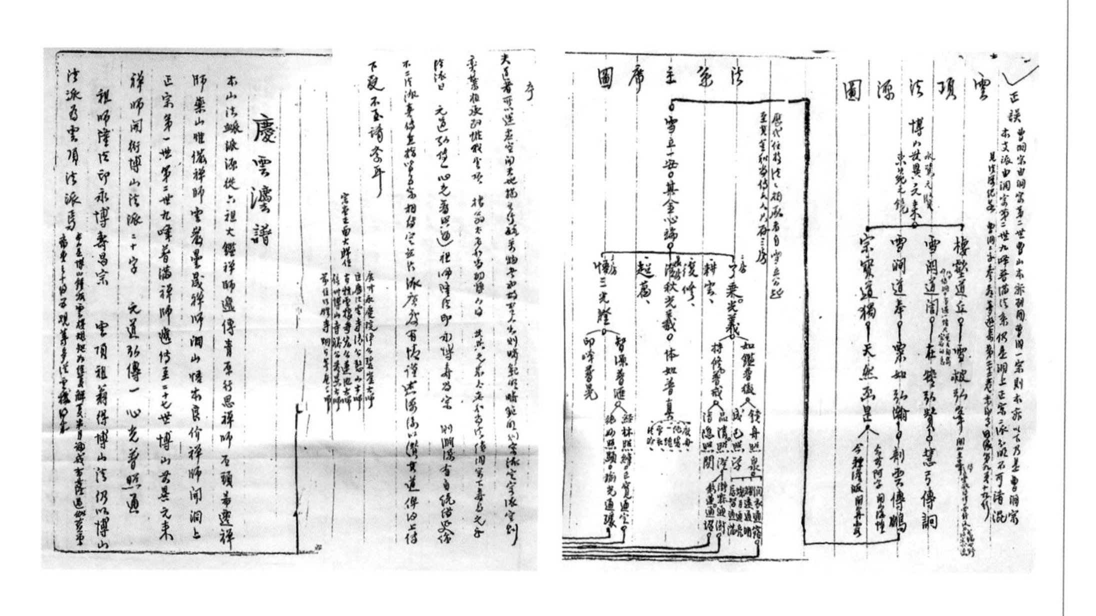
慶雲法譜

法系主席圖

雲頂法源圖

云顶法源图、法系主席图（右）及庆云法谱（左）（两图谱现存放在庆云寺藏经阁内）

第七代成鹫和尚于1708年作为庆云寺住持，六年之后自愿退院（任住持六年自动退职），开创自动退院之先例。此后规定历代住持必须是博山系法嗣，一般任期为六年。

到第十三任住持心端其金和尚，他的嗣法门人五人开始分为五房，首徒光羲澄秋于1747年接任庆云寺第十四代住持。此后以子孙承传法嗣成为例规，庆云寺的住持必须是本寺的嗣法门人才能担任。后来，住持的选择又逐渐采用“由本山法嗣卜杯，胜者

接任，任期三年的办法”[1]。

三年后由未任过住持的博山系法嗣“卜杯”。“卜杯”胜者继任，一般都能任满三年，但也有因事推迟一年半载卜杯者，亦有未任满三年而圆寂者，及因事而被摈出山门者。

直到1937年抗日战争开始，社会动荡，已不可能正常进行住持换届。后来僧人之间也产生矛盾，不能按正常程序选择住持，导致1948年庆云寺的住持改由选举产生。

1949年至1989年这四十年间，庆云寺住持的产生，还是运用传统的“卜杯”的方式进行。

从1989年起，庆云寺住持的产生，是由僧人及寺管委会协商议定住持人选后，报肇庆市民族宗教事务管理部门、肇庆市佛教协会，再报省及国家宗教事务管理部门、中国佛教协会批准（备案）。

① 仇江等编撰：《新修鼎湖山庆云寺志》，广州：中山大学出版社，2018年，第50页。

二　庆云寺名僧辈出

鼎湖山佛教的兴盛，历史记载是从鼎湖山白云寺周边共建有三十六座招提（寺庵）后，才真正成为岭南佛教的中心。后来，这些招提（寺庵）至明代已大部分湮没。《鼎湖山志》记载：“山外招提凡三十有六，历宋迄元，兴废失稽。”①

这虽然与佛教史上唐武宗和周世宗对待佛教文化因素有关。但无论如何，鼎湖山香火依然鼎盛如故，特别是庆云寺得到蓬勃的发展，且名僧辈出，名扬岭南。

方丈室瓦顶外脊梁装饰

① ［清］释成鹫编撰，李福标、仇江点校：《鼎湖山志》，广州：广东教育出版社，2015年，第16页。

大雄宝殿瓦顶脊梁两侧陶瓷装饰

庆云寺开山之后，通过讲经、印书、受戒，逐步成为岭南佛门重要的弘法基地。肇庆更因当时处于“两广”（广东和广西）的交通要冲，明清两朝都曾为“两广总督府署”的所在地，是“两广”当时的政治、文化中心，而庆云寺的影响力也一直延续至今。

在中国佛教寺院中，都有传戒仪式，仪式规模的大小，取决于寺院的影响力。

庆云寺的传戒，可分为两种时期，一是正常时期，二是特殊时期。

在岭南佛教史上，有这样的记述：“有一段特别的时期，就是从一九四九年至今，庆云寺一直没有传戒。正常时期指庆云寺住持正常更替，即每三年换一届的时期。从清中叶直到民国，大部分时间都属于这个时期。在这期

传戒

传戒，指传授戒律于出家之僧尼或在家居士之仪式，又称开戒、放戒。就求戒者而言，则称受戒、纳戒、进戒。戒分五戒、八戒、十戒、具足戒、菩萨戒等。

间，传戒是比较有规律的。一般每任住持晋院当年就要操办‘三师七证’的‘三坛大戒’传戒大典。如果还没办的，还要‘嘱法’，即确定嗣法门徒，一般是八位。庆云寺一场法典受戒的人数两百左右。一任方丈任内可以再次传戒，没有限制。但从历任方丈的受戒弟子的人数来看，许多方丈都是传戒一次的。”①

“庆云寺自明末到2010年共历八十五代住持，除部分没有传戒的，估计有七十代住持举行了传戒仪式，加上初祖多次传戒，合共约八十次，每次算两百人，共授戒一万六千人。粗略计算，庆云寺至今授戒一万五千至两万人。”②

在庆云寺得戒的僧人，他们遵照六祖惠能大师“各为一方师”之嘱，把佛法带到各地，分化到各地寺庙任方丈住持，推动

① 仇江等编撰：《新修鼎湖山庆云寺志》，广州：中山大学出版社，2018年，第162—163页。

② 仇江等编撰：《新修鼎湖山庆云寺志》，广州：中山大学出版社，2018年，第163页。

禅学文化的发展。“庆云寺僧外出弘教，东进广府、潮汕，西往广西、云南，甚至远逮海外。”①

其嗣法子孙不仅外出弘教，还有是广州、南海、顺德、高明等地多个寺院的方丈住持。南到港澳地区，西到南宁，仍有多个寺院的祖师堂，供奉着庆云寺某代住持及其弟子的牌位。庆云寺第七十四代住持印载筏可，是香港宝莲寺第三代住持，庆云寺第六十七代住持隆辅佐山的弟子法液灵溪，是香港灵隐寺的开山祖；庆云寺第七十八代住持法希增秀，是香港定慧寺开山祖；庆云寺第二代住持弘赞在犙的法裔一本无相，是澳门莲峰寺开山祖；庆云寺第七十代住持印洁质良的传法弟子慧因，住持澳门普济禅院。

● 寺藏《紫柏尊者全集》内图文（部分）

① 仇江等编撰：《新修鼎湖山庆云寺志》，广州：中山大学出版社，2018年，第133页。

三　高僧法迹

1. 栖壑和尚

栖壑和尚，生于明万历十四年（1586），法名道丘，字离际，别号云顶和尚。俗家系顺德县龙山柯氏子。襁褓嬉戏，辄喜为佛事，或闭目趺坐巍然。稍长，就塾，常喜诵《金刚经》，超然有出家之志。年十七，始从碧崖禅师剃。按佛教流源，栖壑和尚属禅宗，是洞山宗始祖希迁石头和尚（700—790）的第三十五世孙。

栖壑和尚像

栖壑大师被尊为庆云寺初代祖，他所制定的寺门法旨和规矩，寺中僧人遵循至今。清顺治十五年（1658）栖壑圆寂，在犙和尚接任住持。栖壑入主庆云寺之后，在犙即度岭外遍参学诸方，他精研佛义，对律宗学说功力尤深，是当时岭南最具名气的律学大师，“为诸方所传仰”。在他任内，庆云寺规模更为宏大，是时“岭海之间，以得鼎湖戒为重”，持戒精严，成为庆云寺新的特点。

庆云寺的初代祖栖壑是中国佛教史上著名的戒律厘定者，所定的戒律详备规整，在《中国佛教史略》和《中国佛教仪轨制度传戒》中，都介绍了初代祖栖壑在厘定戒律上的贡献。

栖壑和尚，曾拜憨山和尚为师。后来，栖壑和尚到杭州云栖寺，得净土宗莲池禅师付以衣钵，继而在广州法性寺（今光孝寺）投于律宗寄莽和尚门下受戒。因此，他学识广博，精于佛

法，禅、净、律三宗俱善，在明末佛教中享有崇高的地位，是一代高僧。

明崇祯四年（1631）归广州，学士陈秋涛、孝廉梁未央及僧人等请徒白云蒲涧。崇祯八年（1635）冬，栖壑到新州（今新兴县）寻六祖故址，途经高要广利。因广利靠近鼎湖山，于是，为众信挽留。崇祯九年（1636）春，辞白云蒲涧，入鼎湖山住持庆云寺，成为庆云寺的开山祖。

栖壑和尚把净土宗的“僧约十章”标示山门，还制定了“职事榜”，强调恪守本职，遵守戒约。栖壑和尚常以禅、净、律教诲众僧。历代主持都继承开山祖的传统，故庆云寺有“禅、净、律”三宗俱善的一大特色。栖壑和尚处事公正、平等，当时四方云游僧人，蜂拥而至庆云寺，十方檀信及乐施财老，也争先恐后前来领教。

晚年，栖壑和尚声誉更高。王公大人，咸生景仰，前制台熊文灿以肇庆七星岩新建水月宫，请其驻弟子、献紫檀伽黎、复请为母太妃说戒，栖壑和尚皆坚辞不赴。

永历三年（1649），永历帝捐资开法会，还示意廉宪胡方伯与庆云寺监寺昙涛募各官捐金千两，拟为庆云寺置田产，栖壑得悉，立即制止，说明“僧人志在办道、弘扬佛法，不谋饱食终日，一碗千家饭，犹自愧杀”。表示绝不立田产，并把昙涛摈出山门，在庆云寺内刻制“云顶栖壑和尚不置田产碑”以警示后人。

庆云寺自此得以大规模的发展，成为闻名遐迩的佛教圣地。栖壑和尚于清顺治十五年（1658）圆寂。

2. 在慘和尚

在慘和尚，法名弘赞，字在慘。广东新会人，俗名朱子仁，从小聪敏，体貌端庄，风骨超迈，双眸炯炯，有别于其他儿童。

明崇祯六年（1633），访道于端州广利，会晤居博陈清波，并与上迪乡大蕉园村梁少川成为莫逆之交。

明崇祯七年（1634）四月，朱子仁礼栖壑和尚于广州蒲涧寺。八月，栖壑和尚按照曹洞宗博山元来无异所制“元道弘传一，心光普照通。祖师隆法印，永傅寿昌宗”的传法偈，为朱子仁剃染受具，法号在犙。服侍栖壑和尚两年，在犙以心地未明为由，矢志参学。明崇祯九年（1636）冬，在犙和尚孤笠芒鞋，度岭而北，遍参海内名宿。清顺治十五年（1658）夏，在犙和尚继席鼎湖山，成为庆云寺二代祖。在犙和尚扩建庆云寺殿阁堂舍，在鼎湖山广植树木，四方僧众慕名云集，庆云寺盛极一时。在犙和尚学识广博，精通佛法，著作甚丰。他著书有20多种印行于世，其中有《梵纲经略疏》《心经添足》《准提经会释》《沙弥律仪要略增注》《沙弥仪轨颂并注》《六道集》《沩山警策句释记》《本人剩稿》等。

● 在犙和尚像

庆云寺的二代祖在犙和尚，是中国佛教史上著名的戒律厘定者之一，所制定的戒律详备规整，在《中国佛教史略》和《中国佛教仪轨制度传戒》中，都介绍了二代祖在犙和尚在厘定戒律上的贡献。在犙和尚于清康熙二十五年（1686）圆寂。

3. 蕴空和尚

蕴空和尚，俗名梁金海，广东南海县平洲人，生于清光绪十九年（1893）。18岁时在西樵山沙头准提寺出家。24岁到鼎湖山庆云寺，是庆云寺第七十代住持印洁质良和尚的嗣法门人。民国三十年（1941）任庆云寺第七十六代住持。

● 蕴空和尚

民国三十三年（1944），抗日战争初期，高要沦陷前夕，社会已一片混乱。当时，庆云寺香火断绝，僧人也断了生活来源，不少僧人被迫暂时离寺另谋生计。身为住持的蕴空为寺院着想，与众僧商议，决定外出化缘，与妙心、三宽、元空等大师分别出发各地。蕴空和尚自带一徒，冒着生命危险，偷渡西江，越过日寇多重封锁线，至南海、顺德、阳江募化，得款带回，使庆云寺得以维

持，渡过难关。

1944年冬天，肇庆沦陷，日寇奸淫掳掠。庆云寺附近乡村一些群众逃来庆云寺躲避，蕴空和尚将200多人收藏在寺内偏僻的房舍。不久，日军到寺搜索，蕴空和尚在山门前对荷枪实弹的日寇，力陈寺院的规定，晓以佛祖慈悲为怀、普度众生的道理，终使日寇退去，逃难群众转危为安。

蕴空任住持期满后，准备离开寺院外出参学，决定第一站往澳门。到广州后，约定澳门菩提园僧来接，蕴空和尚刚登船，徒弟傅礼越常急急赶来，请他留下，因为越常和尚新当选庆云寺第八十代住持，经验不足，要蕴空和尚帮忙做好工作，于是蕴空留下了。后来，因各种原因，蕴空和尚一直在庆云寺而没有外出参学，但他从不计较个人的得失，毫无怨言。

蕴空和尚为人正直，品格高尚，他虽然身在“空门”，但对国家大事和社会公益，一向都很关心。20世纪50年代初，蕴空和尚积极响应国家号召，捐款支持抗美援朝，多次捐款给高要县修水利、堤围，建老人院，建广利戏院。1985年，非洲受灾，蕴空和尚也积极带头并发动僧众捐款，当时，广东电视台专门报道了蕴空和尚和庆云寺僧众的这一善举。

由于蕴空和尚一贯坚守佛教戒律，不懈弘扬佛法，爱国爱教，深得佛教界的尊崇，获得政府和人民极高的评价。蕴空和尚曾任中国佛教协会理事，广东省佛教协会委员，肇庆市（县级）第一、第二、第三届政协委员，肇庆市（县级）红十字会名誉理事。蕴空和尚于1988年4月29日圆寂。

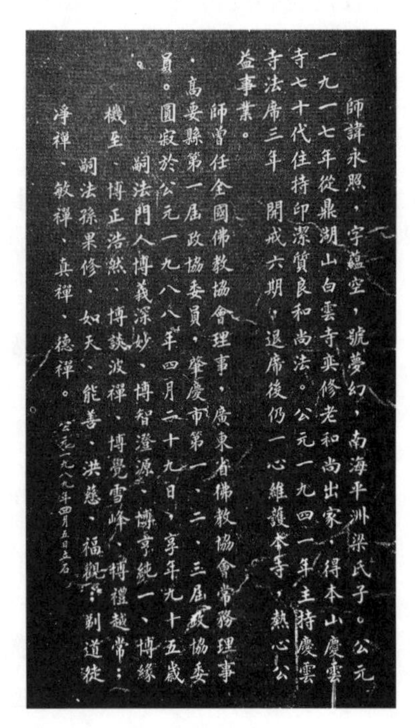

師諱永照，字蘊空，號夢幻，南海平洲梁氏子。公元一九一七年從鼎湖山白雲寺奀修老和尚出家，得本山慶雲寺七十代住持印潔質良和尚法。公元一九四一年主持慶雲寺法席三年　開戒六期；退席後仍一心維護本寺，熱心公益事業。

師曾任全國佛教協會理事，廣東省佛教協會常務理事．高要縣第一屆政協委員，肇慶市第一、二、三屆政協委員。圓寂於公元一九八八年四月二十九日，享年九十五歲。嗣法門人博義深妙、博智澄源、博亨純一、博緣機至、博正浩然、博鉄波禪、博覺雪峰、博禮越常；嗣法孫果修、如天、能善、洪慈、福觀；剃道徒淨禪、敏禪、真禪、德禪。

公元一九八九年四月五日立石

蕴空住持塔铭

4. 洪慈和尚

洪慈和尚，祖籍广东南海，俗名梁汝章，1936年8月10日出生，1941年至1950年在佛山市仁寿寺做寺工，1951年至1956年在南海市西樵山白云寺出家为僧。1956年5月开始到庆云寺当僧人，是庆云寺傅礼越常法嗣，法号寿长洪慈。他曾任庆云寺知客，1959年至1960年到北京中国佛教学院进修。

洪慈和尚

1989年3月升座为庆云寺第八十三代住持，并兼任庆云寺管理委员会主任、肇庆市佛教协会会长。1994年当选为全国佛教协会理事，1996年当选为广东省佛教协会第四届副会长。

洪慈和尚一生爱国爱教，接受共产党领导，拥护社会主义制度。从事佛教工作几十年来，积极协助政府贯彻落实宗教政策，坚持学佛修持，弘扬佛法。在1989年任住持后，为修葺破烂的寺院废寝忘食、奔波劳碌，筹集资金修葺了大雄宝殿、藏经楼、观音殿、后山广场、综合楼、旅业楼、五百罗汉堂、功德堂、方丈室。他在临终前还挂念着如何修好山门花园及碑廊，是庆云寺历代住持中贡献较大的住持之一。洪慈和尚先后当选为广东省青年联合会委员，广东省第七、第八届人大代表，肇庆市人大第四、第五、第九届代表，成为肇庆市政协第五、第六届委员。洪慈住持于1998年6月1日圆寂。

鼎湖山慶雲寺第八十三代壽長洪慈塔銘

出生公元一九三六年八月十六日　圓寂公元一九九八年六月一日

名壽長，號洪慈，俗姓梁，字汝章，慶雲寺傳禮越常和尚法嗣，祖籍廣東南海市，漢族，一九四一年至一九五零年在佛山市仁壽寺做寺工，一九五一年至一九五六年在南海市西樵山白雲古寺出家為僧，一九五六年五月至一九九八年六月間在肇慶市鼎湖山慶雲寺當僧人，知客，一九八九年三月升座為第八十三代住持並任寺管會主任，肇慶市佛教協會會長，一九九四年當選為全國佛教協會理事，一九九六年當選為廣東省佛教協會第四屆副會長，任寺期間於一九五九年至一九六零年到北京中國佛教學院進修，並先後當選為省青聯委員，省人大七屆、八屆代表，肇慶市人大四屆、五屆、九屆代表，肇慶市政協五屆、六屆委員，

釋洪慈住持從事佛教工作四十多年，他一生愛國愛教，接受共產黨領導，擁護社會主義制度，積極協助政府貫徹落實宗教政策，堅持學佛修持，弘揚佛法，積極帶領僧眾員工，廣結善緣，修葺寺院，支持地方旅遊業和經濟發展，為社會主義物質文明和精神文明建設作出較大的貢獻，他一生奉獻佛教事業的精神，永遠值得我們的敬仰和懷念。

鼎湖山慶雲寺寺管會　慶雲寺常住

公元一九九八年七月　慶雲寺法嗣徒弟仝立

洪慈塔铭

5. 荣果和尚

荣果和尚

荣果和尚，号悟基，生于1925年7月。广东高要人，俗名梁绍真。夙具慧根，十几岁就在庆云寺念佛、护法、当寺工，发愿出家祛除烦恼。后到中山县（现中山市）隐秀寺礼妙因大师剃度出家，并在顺德宝林寺受具足戒，此后更加定慧精行，聪明果证。

20世纪50年代因社会动乱，寺庙被他人占用，僧人无法生活，被迫离开寺庙。后来落实宗教政策，1986年返回庆云寺任知客等诸职事，为佛教事业任劳任怨。拥护共产党和政府的政策，服务社会，团结僧众。大师慧根深远，定力强稳，刚出家当年就主持法事，以功力深厚闻名，不久便当上法事主持。并且能全面承传鼎湖腔板，是正统的南腔唱调。

20世纪90年代初，荣果和尚任首座和尚及寺管会委员并开始收徒。他的门徒众多，但大师不嫌烦琐，耐心教导，热心服务大众，让众生得乐。更用心传授传统南腔调和子孙丛林的历史与文化。2014年农历二月十九日安然示寂。

荣果和尚（右）

附录

庆云寺历代住持名录简述

第一代住持道丘栖壑（1586—1658）

名道丘，字离际，晚号栖壑，开山云顶，又因以为号。广东顺德龙山乡柯氏子。

明万历十四年（1586）二月二十六日生。万历三十年（1602），十七岁，礼广州永庆庵碧崖大师出家。万历三十八年（1610）二十五岁，参杭州云栖寺莲池大师，付以衣钵，授净土法门。

明天启三年（1623）三十八岁，腊月八日，礼广州寄茸和尚，受具足戒于广州之法性寺。

明崇祯九年（1636）五十一岁，五月二十二日，开山鼎湖主法于庆云寺，禅、净、律三学并行。住持庆云寺二十三年。

清顺治十五年（1658）六月十六日圆寂。前后得度弟子数百余人，得戒弟子三千余人。戒录另载，兹不具录，生平行履，详在《自序》《实录》《塔铭》。

第二代住持弘赞在犙（1611—1686）

名弘赞，字在犙，号草堂，新会人，俗名朱子仁。其见证了庆云寺创建的全过程。

明崇祯六年（1633）道经鼎湖山，与上迪村（今蕉园村）人梁少川结茅为莲花庵，次年夏，礼广州白云山蒲涧寺栖壑剃染。崇祯九年（1636），请栖壑住持鼎湖，已则度岭遍参海内名僧，得嗣杭州妙行寺道胤雪关和尚法，住静于横山之光明寺。清顺治十五年（1658）受众请住持鼎湖山庆云寺，清康熙三年（1664）得南海麻奢乡陈公孺舍地创建宝象林瑞塔禅寺。康熙二十年

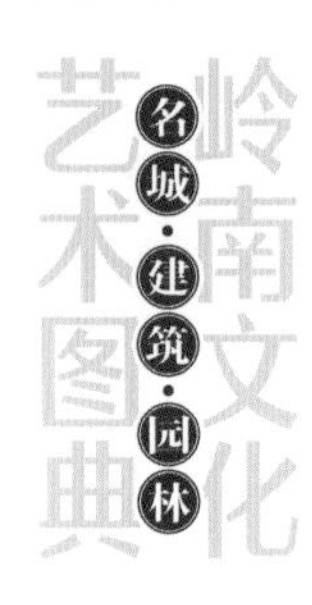

（1681）开创大悲忏道场，康熙二十二年（1683）刻《禁伐树碑》于寺内。以后，还捐资建指月楼，并手植白茶花树于净土堂前。

第三代住持传源湛慈（1621—1691）

名传源，字湛慈，号石门，顺德龙津冯氏子。二十三岁在庆云寺受栖壑和尚戒，清顺治十五年（1658）回庆云寺任监寺六年。自清康熙二十五年至三十年（1686—1691），住持庆云寺五年。康熙二十六年（1687）刻《鼎湖山庆云寺铁浮图释迦如来舍利缘起》碑于寺内。

第四代住持元渠契如（1626—1700）

名元渠，字契如，号二湖，番禺苏氏子。清顺治七年（1650）在广州诃林双桂禅院礼宗符智华和尚剃染。三年后受栖壑和尚戒。自清康熙三十年至三十九年（1691—1700）在任。开山主法第一年，刻《禁滥建和尚塔碑》于寺内。康熙三十七年（1698）聘请迹删和尚修《鼎湖山志》。

第五代住持传意空石（1652—1707）

名传意，字空石，号瑞峰，增城伍氏子。在惨圆寂后住持南海宝象林法席。清康熙三十九年（1700）入庆云寺，监寺三年。自康熙四十二年至四十六年（1703—1707）在任。

第六代住持一机圆捷（1630—1708）

名一机，字圆捷，号刍庐，番禺环窖李氏子，出身显贵。清顺治六年（1649）在宝安广慧寺礼传堤以震和尚剃染，受栖壑和尚戒。栖壑圆寂后一直住庆云寺。自清康熙四十六年（1707）秋至次年春住持庆云寺不及一年，刻《云顶栖壑和尚不置田产约》碑于寺内。有《涂鸦集》行世。

第七代住持成鹫迹删（1637—1719）

名就鹫，又名光鹫，字迹删，号东樵，俗名方颛恺，番禺韦涌人。清康熙十八年（1679）礼博罗县罗浮山石洞禅院元觉离幻和尚出家，得离幻和尚法。其间又曾应元渠契如之邀修《鼎湖山志》。自康熙四十七年（1708）秋至五十三年（1714）夏在任，晚年住持番禺大通烟雨宝光古寺。康熙五十六年（1717）将《鼎湖山志》付印。住持庆云寺时，于康熙四十七年（1708）扩建庆云寺，增写《重申祖训约》，著《僧铎》让各僧人提唱。成鹫和尚善书画，为岭南名家，著有《纪梦编年》《咸陟堂诗文集》行世。

第八代住持一安雪立

名一安，字雪立，号拙木，顺德鹭洲黎氏子。礼南海宝象林寺以霢传琨长老之徒觌非和尚出家，得博山能仁寺传鹏剖云禅师法。开山高要迪村万寿寺。清康熙五十三年（1714）秋至五十九年（1720）夏住持庆云寺。

第九代住持一羲仲和

名一羲，字仲和，南海潘氏子。受本山和尚戒，得南海宝象林瑞塔禅寺传扑雯衣和尚法，清康熙五十九年（1720）秋至清雍正四年（1726）夏在任。

第十代住持传俊觉天

名传俊，字觉天。礼在惨和尚剃度，得在惨法，继席南海宝象林住持，迁庆云寺住持，雍正四年（1726）秋至七年（1729）夏在任。清雍正十年（1732）立《禁私据寮房公约》。

第十一代住持一出两山

名一出，字两山。得传俊觉天剃染，圆具足戒、印可，亦继席宝象林，清雍正八年（1730）秋至清雍正十年（1732）夏在任。

第十二代住持光月定辉

名光月，字定辉。南海宝象林心彻如昭法嗣，清雍正十年（1732）秋至清乾隆元年（1736）夏在任。

第十三代住持心端其金

名心端，字其金，号半闲，南海九江明氏子。在庆云寺出家，得一安雪立和尚法，清乾隆元年（1736）秋至十二年（1747）夏在任。

第十四代住持光羲澄秋

名光羲，字澄秋，顺德罗氏子。在逢简莲池庵礼超五和尚剃染，受丹霞山愿来和尚戒，得庆云寺心端其金和尚法。清乾隆十二年（1747）秋至十八年（1753）夏在任。

第十五代住持光鉴学能

名光鉴，字学能，号镜轩。得庆云寺心彻如昭和尚法，清乾

隆十八年（1753）秋至二十四年（1759）夏在任。

第十六代住持光羲了乘

名光羲，字了乘，号野亭，高要李氏子。在庆云寺出家，得庆云寺心端其金和尚法，清乾隆二十四年（1759）秋至三十九年（1774）夏在任。

第十七代住持普彻如鉴

名普彻，字如鉴，号镜轩，高要冼氏子。在玉屏山出家，得庆云寺光羲了乘和尚法，清乾隆三十九年（1774）秋至四十二年（1777）夏在任。后于乾隆五十三年（1788）至五十五年（1790）再任。

第十八代住持普真体如

名普真，字体如。在香山县香莲寺出家，得庆云寺光羲澄秋和尚法，清乾隆四十二年（1777）秋至四十五年（1780）夏在任。

第十九代住持光证悟三

名光证，字悟三，号野松，高要卢氏子。在庆云寺出家，得庆云寺心端其金和尚法，清乾隆四十五年（1780）秋至四十七年（1782）夏在任。

第二十代住持照珠智镜

名照珠，字智镜，高要莫氏子。在庆云寺出家，得庆云寺普真体如和尚法，清乾隆四十七年（1782）秋至四十九年（1784）夏在任。

第二十一代住持光和致中

名光和，字致中，高要卢氏子。在南海宝象林瑞塔禅寺出家，得庆云寺心彻如昭和尚传，绍宝象林第七代法席，清乾隆四十九年（1784）秋至五十年（1785）夏在任。

第二十二代住持普汇智源

名普汇，字智源，号兰亭，南海麦氏子。在南海仁寿寺出家，得庆云寺光证悟三和尚法，清乾隆五十年（1785）秋至五十三年（1788）夏在任。

第二十三代住持普戒持修

名普戒，字持修，号云树，南海李氏子。在九江半角寺出家，得庆云寺光羲了乘和尚法，清乾隆五十五年（1790）秋至清嘉庆三年（1798）夏在任。

第二十四代住持普晃印峰

名普晃，字印峰，号晴溪，高要黄氏子。在肇庆城东兴元寺出家，得庆云寺光证悟三和尚法，清嘉庆三年（1798）秋至八年（1803）夏在任。

第二十五代住持照泉镜舟

名照泉，字镜舟，号济川，番禺郭氏子。在广州化城寺出家，得庆云寺普彻如鉴和尚法，清嘉庆九年（1804）秋至十四年（1809）夏在任。

第二十六代住持照学成已

名照学，字成已，号肯堂，新兴梁氏子。在南海宝象林出家，得庆云寺普彻如鉴和尚法，清嘉庆十五年（1810）秋至十七年（1812）夏在任。

第二十七代住持照澄品清

名照澄，字品清，字弗瑕，高要李氏子。在梅山寺出家，得庆云寺普戒持修和尚法，清嘉庆十八年（1813）秋至二十三年（1818）夏在任。

第二十八代住持通澍瀞霖

名通澍，字瀞霖，号石涧，顺德罗氏子。在南海宝象林出家，得照澄品清和尚法。清嘉庆二十四年（1819）秋至道光二年（1822）夏在任。

第二十九代住持照闲清隐

名照闲，字清隐，号定云，高要程氏子。在高要万寿寺（即天宁寺）出家，得庆云寺普戒持修和尚法。清道光二年（1822）秋至五年（1825）夏住持庆云寺三年，道光三年（1823）立《新建普同塔碑》于寺。

第三十代住持通明耀远

名通明，字耀远，号行乐。在肇庆城北宝月合观音庵出家，得庆云寺照泉镜舟和尚法。清道光五年至七年（1825—1827）在任。

第三十一代住持照纬经林

名照纬，字经林，号纶堂，高要区氏子。在肇庆城四竹院出家，得庆云寺普汇智源和尚法。道光八年（1828）秋至十一年（1831）夏在任。

第三十二代住持通沼彰莲

名通沼，字彰莲，高要李氏子。在莲简莲池庵出家，得庆云寺照澄品清和尚法，清道光十一年（1831）秋至十四年（1834）夏在任。

第三十三代住持通亮灿月

名通亮，字灿月，号星河，高要张氏子。在西宁（今郁南）石门梅坪寺出家，得庆云寺照泉镜舟和尚法，清道光十四年（1834）秋至十八年（1838）夏在任。

第三十四代住持通露润衣

名通露，字润衣，号滋圃，高要莫氏子。在化城寺出家，得庆云寺照泉镜舟和尚法，清道光十九年（1839）秋至二十一年（1841）夏在任。

第三十五代住持照显德妙

名照显，字德妙，号镒虚，高要邹氏子。在仙掌岩擎莲寺出家，得庆云寺普汇智源和尚法，清道光二十二年（1842）秋至二十四年（1844）夏在任。

第三十六代住持祖合顺缘

名祖合，字顺缘，号遂轩。在肇庆普善寺出家，得庆云寺通沼彰莲和尚法。清道光二十四年（1844）秋至二十七年（1847）夏在任。寂于同治十年（1871），今存墓碑。

第三十七代住持祖真性学

名祖真，字性学。在端州功曹堂出家，得庆云寺通露润衣和尚法。清道光二十七年（1847）秋至咸丰元年（1851）夏在任。

清咸丰十年(1860），性学和尚将寺内常住器物运回自己静室。引起争议，经斋堂集众决定，摈出山门。清光绪九年(1883）再议决，虽其法嗣卜得方丈者，亦不准性学和尚入住宗堂。但三寮仍有碑立，至民国时其法嗣已绝，乃将碑除去。

第三十八代住持通定正宽

名通定，字正宽，号畅怀，高要陈氏子。在万福寺出家，得庆云寺照纬经林和尚法。清咸丰元年（1851）秋至五年（1855）夏在任。

第三十九代住持通满居智

名通满，字居智，号平江。在七星岩大觉寺出家，得庆云寺照泉镜舟和尚法。清咸丰五年（1855）秋在任。咸丰五年因战乱无“卜杯”。

第四十代住持祖圣淡凡

名祖圣，字淡凡，号仙山，东安（今云浮）钟氏子。在新桥长江寺出家，得庆云寺通澍瀞霖和尚法，清咸丰六年（1856）进院。第二次鸦片战争期间，庆云寺大殿及山门在战火中被毁，淡凡和尚募款重修，故住满三年经众议留住两年，共住持庆云寺五年，咸丰十一年（1861）夏退席。

第四十一代住持祖灯明耀

名祖灯，字明耀，号镜台，三水卢氏子。在高要庆来庵出家，复庆云寺通定正宽和尚法，清咸丰十一年（1861）秋至同治二年（1863）夏住持庆云寺两年。

第四十二代住持师正允方

名师正，字允方，号逸壶，南海朱氏子。在鹤山鸣风庵出家，得庆云寺祖合顺缘和尚法，同治二年（1863）秋至同治五年（1866）夏住持庆云寺三年。

第四十三代住持祖洁涤尘

名祖洁，字涤尘，号净六，高要蒙氏子。在七星岩大觉寺出家，得庆云寺通露润衣和尚法，清同治五年（1866）秋至同治八年（1869）住持庆云寺三年。

第四十四代住持祖逸忍惟

名祖逸，字忍惟，南海陈氏子。在王侯乡人和寺出家，得庆云寺通澍瀞霖和尚法。前经卜杯得选，因其住净室嗜烟癖，众议作废，另卜。祖逸即回山为知众，住十年不出山门。是届卜杯，得卜胜，清同治八年（1869）秋进院。不及一年，早课归，穿袍坐椅歇息，开梆侍者唤之不起，已圆寂矣。开戒嘱法，俱未。由

下届解空和尚代。

第四十五代住持祖化解空

名祖化，字解空，号息尘，新会余氏子。在万福寺出家，得庆云寺通定正宽和尚法，清同治八年（1869）春祖逸忍惟示寂随即卜杯进院，至同治十一年（1872）夏在任，开戒四次。

第四十六代住持师悦欢池

名师悦，字欢池，号欣湖。在新会雷峰寺出家，得庆云寺祖合顺缘和尚法。清同治十二年（1873）秋至光绪元年（1875）夏住持庆云寺两年。

第四十七代住持师惠恩波

名师惠，字恩波，号湛川。在高要大鼎寺出家，得庆云寺祖圣淡凡和尚法，清光绪元年（1875）秋至光绪四年（1878）夏住持庆云寺三年。

第四十八代住持通璩瑜光

名通璩，字瑜光，号璟斋。在香山小榄凤山寺出家，得庆云寺照显德妙和尚法，清光绪四年（1878）秋至光绪五年（1879）夏进院住持庆云寺一年。

第四十九代住持师勉用勤

名师勉，字用勤，号竺山。在高要金利宝树寺出家，得庆云寺祖灯明耀和尚法，清光绪五年（1879）秋至光绪八年（1882）夏住持庆云寺三年。

第五十代住持师雅自闲

名师雅，字自闲，号若云。在沙头准提寺出家，得庆云寺祖洁涤尘和尚法。自清光绪八年（1882）秋至光绪十一年（1885）夏住持庆云寺三年。

第五十一代住持师宗镇山

名师宗，字镇山，号空岩。在雷州天宁寺出家，得庆云寺祖灯明耀和尚法。自清光绪十一年（1885）秋至光绪十四年（1888）夏住持庆云寺三年。

第五十二代住持隆敬谦善

名隆敬，字谦善，号主静。在广州功德林礼果乘和尚出家，得庆云寺师惠恩波和尚法。自清光绪十四年（1888）秋至光绪十七年（1891）夏住持庆云寺三年。

第五十三代住持隆璧琼熠

名隆璧，字琼熠，号彻堂，广西苍梧黎氏子。在大鼎庙礼恩波和尚出家，得庆云寺师正允方和尚法。自清光绪十七年（1891）秋至光绪二十年（1894）夏住持庆云寺三年。清光绪十九年（1893）隆范献纯大师从天童回山，约同隆璧与三寮进京请《龙藏经》五千零四十八卷。时逢慈禧太后寿辰，慈禧命翰林院书赠“敕赐万寿庆云寺”匾额及赐《龙藏经》《释迦应化事迹全图》给庆云寺。

第五十四代住持师达则诚

名师达，字则诚，号云壶。在新会茶庵出家，得庆云寺祖合顺缘尚法。自清光绪二十年（1894）秋至光绪二十二年（1896）夏在任。

第五十五代住持隆佐炎俦

名隆佐，字炎俦，号瑶石，南海黎氏子。在新会雷峰寺出家，得师悦欢池法，清光绪二十二年（1896）秋至光绪二十三年（1897）夏在任。

第五十六代住持隆安时铎

名隆安，字时铎，号云崖，新兴顾氏子。清同治元年（1862）在沙埔云林寺礼梅修长老为居士，同治五年（1866）出家于肇庆城东兴元寺，得庆云寺祖结涤尘和尚法，光绪十一年（1885）得庆云寺师宗镇山和尚法。光绪二十三年（1897）秋至光绪二十五年（1899）夏在任。

第五十七代住持祖承慕经

名祖承，字慕经，号素愚。在肇庆梅庵出家，得庆云寺通璩瑜光和尚法。清光绪二十五年（1899）秋至光绪二十七年（1901）夏住持庆云寺两年。

第五十八代住持师阐荫如

名师阐，字荫如，号普法。在高要三圣寺出家，得庆云寺祖逸忍惟和尚法，清光绪二十七年（1901）秋至光绪三十年（1904）夏住持庆云寺三年。

第五十九代住持隆规具一

名隆规，字具一，号贯元。在省城光孝寺出家，得庆云寺师悦欢池和尚法。清光绪三十年（1904）秋至光绪三十一年（1905）夏住持庆云寺一年。

第六十代住持法枝聪化

名法枝，字聪化，号觉迷，阳江徐氏子。在阳江净业寺礼波尚出家，得庆云寺隆安时铎和尚法。清光绪三十一年（1905）秋至光绪三十三年（1907）夏住持庆云寺两年。

第六十一代住持隆玉佩珍

名隆玉，字佩珍，号性洁，南海李氏子。在恩平今古寺礼悟机和尚出家，得庆云寺师勉用勤和尚法。清光绪三十三年（1907）秋至宣统二年（1910）住持庆云寺三年。民国十六年（1927）圆寂。

第六十二代住持隆鹫寿安

名隆鹫，字寿安，号松石。在佛山三元寺礼瑛瑜和尚出家，得庆云寺师悦欢池和尚法。清宣统二年（1910）秋至宣统三年（1911）夏住持庆云寺一年。

第六十三代住持师舟会航

名师舟，字会航，号济川。在广西贵县南山寺礼丹峰长老出家，得庆云寺祖承慕经和尚法。清宣统三年（1911）秋至民国元年（1912）夏住持庆云寺一年。

第六十四代住持法璋谷琳

名法璋，字谷琳，号纯白。在广州祇园寺礼逸持和尚出家，得庆云寺隆规具一和尚法。民国元年（1912）秋至民国四年（1915）夏住持庆云寺三年。

第六十五代住持法持最坚

名法持，字最坚，号愿弘。在罗浮山华首台出家，得庆云寺隆玉佩珍和尚法。民国四年（1915）秋至民国七年（1918）夏住持庆云寺三年。

第六十六代住持隆衡聘真

名隆衡，字聘真，号憨庐。在四会宝胜寺出家，得庆云寺师勉用勤和尚法。民国七年（1918）秋至民国九年（1920）夏住持庆云寺两年。

第六十七代住持隆辅佐山

号隆辅，字佐山，号天宁。在肇庆天宁寺出家，得庆云寺师惠恩波和尚法。民国九年（1920）秋至民国十二年（1923）夏住持庆云寺三年。

第六十八代住持法让俭慈

名法让，字俭慈，号藉闲。在新兴龙潭寺礼立慈和尚出家，得庆云寺隆玉佩珍和尚法。民国十二年（1923）秋至民国十五年（1926）夏住持庆云寺三年。民国十九年（1930）圆寂。民国十二年（1923）曾接待孙中山。

第六十九代住持法普度一

名法普，字度一，号慈航。在四会宝胜寺礼聘真和尚出家，得庆云寺隆衡聘真和尚法。民国十五年（1926）秋至民国十八年（1929）夏住持庆云寺三年。民国三十年（1941）圆寂。

第七十代住持印洁质良

名印洁，字质良，号志清。在连州自度庵礼早升长老出家，得庆云寺法持最坚和尚法。民国十八年（1929）秋至民国二十一年（1932）夏住持庆云寺三年。

第七十一代住持隆泉隐林

名隆泉，字隐林，号淡山。在阳江甘泉阉礼语明长老出家，得庆云寺师舟会航和尚法。民国二十一年（1932）秋至民国二十四年（1935）夏住持庆云寺三年。

第七十二代住持法祉祺康

名法祉，字祺康，号镜峰。在新兴龙潭寺礼是幻和尚出家，得庆云寺隆玉佩珍和尚法。民国二十四年（1935）秋至民国二十七年（1938）夏住持庆云寺三年。

第七十三代住持法优钵多

名法优，字钵多，号器之。在高要永庆寺礼寅光和尚出家，得庆云寺隆鹫寿安和尚法。民国二十七年（1938）秋至民国二十八年（1939）夏住持庆云寺一年。

第七十四代住持印载筏可

名印载，字筏可，号之津。在南海九江半角寺礼镒航和尚

出家，得庆云寺法璋谷琳和尚法。民国十九年至民国二十二年（1930—1933），在香港宝莲寺任住持。民国二十八年（1939）秋至民国二十九年（1940）夏住持庆云寺一年。

第七十五代住持永脱尘空

名永脱，字尘空，号净隐，佛山范氏子。在澳门菩提院出家，得庆云寺印洁质良和尚法。民国二十九年（1940）秋至民国三十年（1941）夏住持庆云寺一年。

第七十六代住持永照蕴空

名永照，字蕴空，号梦幻，南海梁氏子。在鼎湖山白云寺礼奕修老和尚出家，得庆云寺印洁质良和尚法。民国三十年（1941）秋至民国三十三年（1944）住持庆云寺三年。后因战乱，僧徒星散，乃暂闭寺门出外传戒，开戒六期。1946年退院，1980年至1988年代理住持庆云寺。1988年4月29日圆寂。

第七十七代住持法瑞凝心

名法瑞，字凝心，号重台，高要梁氏子。在肇庆梅庵出家，得庆云寺隆泉隐林和尚法。民国三十五年至民国三十七年（1946—1948），住持庆云寺两年多。1948年年初，因支持其师隆泉隐林，反对蕴空和尚外出受戒，引起官司，被阖山大众议决摈出山门。

第七十八代住持法希增秀

名法希，字增秀，号灵苗，开平黄氏子。在肇庆七星岩大觉寺礼建初和尚出家，得庆云寺隆鹫寿安和尚法。香港定慧寺开山祖，民国三十七年（1948）八月十四日进院，是届为选举制。1950年退院住持庆云寺一年零四个月。

第七十九代住持印昭著贤

名印昭，字著贤，号妙真，遂溪县梁氏子。在遂溪县东华山礼戈经老和尚出家，得庆云寺法持最坚和尚法。1950年秋至1953年夏住持庆云寺三年。

第八十代住持傅礼越常

名傅礼，字越常，庆云寺永照蕴空法嗣。1953年秋至1956年夏住持庆云寺三年。

第八十一代住持傅明继光

名傅明，字继光，庆云寺永脱尘空和尚法嗣，1956年秋至1957年夏住持庆云寺一年。

第八十二代住持印秀兰精

名印秀，字兰精，庆云寺法让俭持和尚法嗣，1957年进庆云寺住持，1964年退席，1968年11月圆寂。

第八十三代住持寿长洪慈

名寿长，字洪慈，庆云寺傅礼越常和尚法嗣，1964年任寺务委员会副主任，1988年蕴空圆寂后接任管理委员会主任，1989年3月正式升座为第八十三代住持。至1998年在任。

第八十四代住持印众结真

法名印众，字结真，原籍高要冼氏子，生于1921年，圆寂于2005年。1933年在高要宝莲寺出家，1945年在庆云寺任知客、副寺、首座等职，得本山庆云寺第七十七代住持法瑞凝心和尚法，2001年升座为庆云寺第八十四代住持。至2005年在任。

第八十五代住持永明念果

法名永明，字念果，号灵穆，广东海康县杨家镇陈氏子，生于1936年，圆寂于2008年。1992年在雷城如来精舍礼定盛大师出家，在潮州开元寺定然和尚受具足戒，1993年入山任诸职事，2001年得第八十四代住持印众结真和尚法，2006年升任为庆云寺第八十五代住持。至2008年在任。

第八十六代住持释纯洁

释纯洁，俗名梁友开，1959年11月出生，广东省中山市人。1991年于江西省宝峰寺出家。广东省第十三届人大代表、肇庆市第十三届人大代表、广东省佛教协会副秘书长、肇庆市第三届佛教协会会长。2014年升座为庆云寺第八十六代住持。

主要参考资料

1. 肇庆市地方志编纂委员会编. 肇庆市志. 广州：广东人民出版社，1999.

2. ［清］释成鹫编撰，李福标、仇江点校. 鼎湖山志. 广州：广东教育出版社，2015.

3. 文史知识编辑部编. 佛教与中国文化. 北京：中华书局，2005.

4. 广东省肇庆星湖编志办编撰，刘明安、张云岭主编. 鼎湖山志. 广州：中山大学出版社，1993.

5. 李福标. 论鼎湖山庆云寺的戒律学传统与地位. 湖南：湖南大学学报（社会科学版），2016.

6. 肇庆林业志编纂领导小组. 肇庆林业志，1993.（内部资料）

7. 政协肇庆市文史委. 肇庆庆云寺历代住持名录，2004.（内部资料）

8. 刘伟铿编著. 岭南名刹庆云寺. 广州：广东旅游出版社，1998.

9. 仇江等编撰. 新修鼎湖山庆云寺志. 广州：中山大学出版社，2018.

10. 广东省肇庆市鼎湖山庆云寺编. 鼎湖山庆云寺. 广东省肇庆市鼎湖山庆云寺编印. 2000.（内部资料）

11. 周军.《鼎湖山志》与明清之际岭南禅宗. 广东：肇庆学院学报（第4期），2009.

12. 潘桂明著. 佛教小百科. 郑州：大象出版社，2005.

13. 邓美玲. 中国禅宗旅游. 北京：九州出版社，2005.

14. 刘烜、［韩］志安主编. 中国禅寺. 北京：中国言实出版社，2005.

15. 林有能主编. 六祖惠能思想研究. 香港：香港出版社，2007.

16. 马呈图等纂修. 民国二十七年高要县志（1938铅印本）广东历代方志集成肇庆府部. 广州：岭南美术出版社，2009.

17. 鼎湖山庆云寺管理委员会编. 鼎湖山庆云寺历代住持塔铭. 香港：华美出版社，2004.

18. 高振农著. 中国佛教源流. 北京：九州出版社，2006.

19. 刘长久著. 中国禅宗. 桂林：广西师范大学出版社，2006.

20. 祁志祥著. 佛学与中国文化（修订本）. 上海：学林出版社，2000.

21. 林昉、欧秀汉主编. 怀集六祖岩, 2002.（内部资料）

22. 吴平编. 名家说禅. 上海：上海社会科学院出版社, 2002.

23. [清]释迹删纂, 丁易修. 中国佛寺志丛刊·鼎湖山庆云寺志. 江苏：广陵书社, 2011.

24. 黄雨、丘均、刘伟铿编注. 肇庆历代诗选. 广州：广东人民出版社, 1986.

25. 刘伟铿编注. 星湖鼎湖古诗选. 广州：广东旅游出版社, 1983.

26. 肇庆地方志编委会. 清道光肇庆府志, 1986.（内部资料）

27. 李福标著. 清初丹霞天然年谱. 广州：广东人民出版社, 2020.

28. 叶宪允著. 佛儒之间——清初成鹫法师的遗民世界. 北京：中国书籍出版社, 2019.

29. 林洁主编. 肇庆市第一次全国可移动文物普查文物精品图录：肇府藏珍. 广州：世界图书出版广东有限公司, 2017.

30. 丁福保编纂. 佛学大辞典. 北京：文物出版社, 1984.

31. [美]比尔·波特著, 六祖坛经解读, 吕长清译. 海口：南海出版公司, 2012.

32. 苏树华、苗春宝著. 大话六祖坛经. 济南：齐鲁书社, 2005.

33. 肇庆市人民政府地方志办公室编辑. 肇庆历代方志集成·宣统高要县志. 北京：中华书局, 2021.

34. 杨权主编. 天然之光——纪念函昰禅师诞辰四百周年学术研讨会论文集. 广州：中山大学出版社, 2010.

35. 蔡鸿生著. 清初岭南佛门事略. 广州：广东高等教育出版社, 1997.

后　记

二十年前，供职于广东省社会科学联合会的林有能先生，专门送了我一套由他主编的《六祖惠能思想研究》和一本《六祖坛经》。从那时起，我开始接触中国传统的禅宗六祖历史文化。

从佛教与禅学发展演变的历史角度，我感受到中国禅学历史文化，特别是六祖惠能禅学文化，因其博大精深又通俗易懂而流传千百年。

这次接到岭南美术出版社翁少敏主任的约稿信息，觉得有点忐忑。因为岭南美术出版社计划出版《岭南文化艺术图典》丛书之《肇庆庆云寺》。这套丛书是省级文化项目，要求图文并茂，文字写作要求高，整体难度自然也大。

在肇庆，先前的佛教发展区域主要集中在肇庆的“三江流域”，即：西江流域、绥江流域和新兴江流域。“三江流域”悠久的佛教发展历史，奠定了肇庆在岭南佛教史上的重要地位。由于六祖惠能在广东开创了禅宗顿教，使广东佛教发展至鼎盛时期，兴起了很多著名的佛教圣地。

关于肇庆鼎湖山和庆云寺的历史沿革以及民间传说，中华人民共和国成立后，很多的文化人士、社团机构都曾经有专门的书载或著作，如肇庆历史文化学者梁剑波老中医、刘伟铿先生等，他们对鼎湖山和庆云寺乃至肇庆的发展历史，颇有研究，成果斐然，称赞至极。他们所撰写的专门著作，为人们了解鼎湖山庆云寺的前世今生，提供了宝贵的历史资料。

其实，我的家乡距鼎湖山也不过十千米路程。孩提时，经常去鼎湖山游玩。别梦依稀，历历在目。

当时的鼎湖山，已经有严格“管制”了。进山的公路是沙土路，左边全是封山禁地，禁止所有游人香客进入，称为“禁山”。右边（除一个叫206微波基地外），游人可以进入，称为“非禁山”。当地一些村民经常到“非禁山”割山草做柴火。在“非禁山”的开阔地带，隐约可以看到鼎湖山天溪山谷中的庆云寺建筑群，神秘至极。即使当时去了庆云寺，基于认知上的原因，也不知道庆云寺的真实性质。

后来，知道庆云寺是广东岭南“四大名刹”之一，素有“禅、净、律三宗俱善”之盛名。后来，更加知道庆云寺是独具特色的佛学建筑，是“初祖‘借景’、文人‘点景’、香客‘观景’”的自然组合。各地很多香客游人慕名前往，使庆云寺香火历久旺盛。

基于地缘情结和宣传本土传统历史文化的义务，我还是接受了这次约稿。

中国有句古语：入乡须随俗。从历史上看，佛教传入中国千百年来，经历了中国社会的不断变化过程，经过了与中国传统文化的不断磨合，从形式和内容上，都不断地被适应和被“随俗”。

时至今天，被传承下来的中国佛教，最大限度地汲取了中国传统文化的一些习俗或基因元素，为己所用，衍生出一种较为“接地气”的新型的“佛教文化”，有的放矢地流行于中国社会。

现在的中国佛教，已经形成了中国传统文化的一个不可分割的重要组成部分，其地域性、本土特色甚为明显。

《肇庆庆云寺》一书，试图从历史发展的一个实际侧面，归纳出鼎湖山庆云寺的佛教设施建设和佛教建制传承等相关实况，按历史顺序对所发生的史实内容进行叙述，按照历史纪年沿用历朝历代年号，加注公元纪年，使其相互印证；试图从历史发展的一个理论侧面，梳理出鼎湖山及庆云寺佛学发展的规律性的理论支撑和行为依据。

期待《肇庆庆云寺》中的每一个文字，每一张照片，使众人了解肇庆佛教历史，展望文化未来。同时，对于信奉佛教的群众，提供印证佛教的原生面目；对于不信教的群众，可以助推他们了解佛教的历史和对人生与社会的思考，让人们从不同佛教角度的对比中，增加历史知识，增进见识，提高自我约束力。

本书引用涉及的没有标明具体出处的文字内容，均是有来历，但一般不标明详细出处，而在参考文献中列出其书籍版本及作（编）者名字。“有关史料”或“历史记载”，主要来源是从有关参考资料以及网络电子文献中归纳而成。在这里，向这些资料的搜集者或持有者致谢。

本书写作过程中，得到了岭南美术出版社岭南文化编辑室提供的详细写作体例和必要的写作指引。

得到了肇庆市政协（党组）和肇庆市委统战部（市民族宗教事务局）的高度重视，为本书的完成提供了必要的前提条件。

得到了肇庆市星湖风景名胜区管理局、肇庆市文化旅游集团、广东工商职业技术大学、肇庆市庄毓聪艺术馆的大力支持。

得到了肇庆市鼎湖山景区管理处、鼎湖鼎旅旅游发展有限公司、肇庆市图书馆的积极配合。

得到了鼎湖山庆云寺及寺管委会僧（庆云寺监院仲贤永航师父）、俗（寺院管委会成员梁少梅）人士具体细致的专业指导。

得到了肇庆市大众摄影店（康庆新）具体高效的专业服务。

得到了肇庆市中致文化设计公司、肇庆市飞翔文化传播有限公司的有效参与。

特别是社会各界热心人士（包括同事、友人、学者），他们在本书写作过程中，给予了专业上的指导和精神上的鼓励，这里不一一具名，一并表示衷心感谢！

本书在编写过程中，时间较为仓促，加上本人对中国禅学历史钻研不深、理解不透，书中难免有疏漏错失或谬误之处，敬请方家谅解，不吝指正。

黄振平
谨记于广东省肇庆市七星湖畔庸仁居
2024年8月